全球生态环境遥感监测

2015 年度报告

李加洪 施建成 等 编著

科学出版社

北 京

内 容 简 介

"全球生态环境遥感监测年度报告"基于我国科技计划成果,利用全球的多源卫星遥感数据,针对与全球生态环境、人类可持续发展密切相关的热点问题,遴选合适的主题或要素进行动态监测,形成一系列全球或热点区域生态环境遥感数据专题产品,完成相关时空尺度的生态环境遥感监测分析和评价,编制基于遥感信息的全球或热点区域生态环境分析的年度评估报告。年报力求从生态、环境、社会、人文等多个层面反映全球或区域生态环境变化的状态进行分析。

本书集成了2015年度报告的两个专题报告,包括"一带一路"生态环境状况和全球大宗粮油作物生产形势专题内容,致力于为各国政府、研究机构和国际组织的生态环境问题研究和政策制定提供依据。这些报告及数据产品可在国家综合地球观测数据共享平台网站(http://www.chinageoss.org/geoarc/2015/)免费获取。

审图号:GS(2016)1341号

图书在版编目(CIP)数据

全球生态环境遥感监测2015年度报告 / 李加洪等编著.—北京:科学出版社,2016.12

ISBN 978-7-03-051278-9

Ⅰ.①全… Ⅱ.①李… Ⅲ.①环境遥感—应用—生态环境—全球环境监测—研究报告—2015 Ⅳ.①X835

中国版本图书馆CIP数据核字(2016)第319393号

责任编辑:苗李莉 李 静 朱海燕 / 责任校对:彭 涛
责任印制:肖 兴 / 封面设计:图阅社
装帧设计:北京美光设计制版有限公司

斜 学 出 版 社 出版

北京东黄城根北街16号
邮政编码:100717
http://www.sciencep.com

中国科学院印刷厂 印刷

科学出版社发行 各地新华书店经销

*

2016年12月第 一 版 开本:889×1194 1/16
2016年12月第一次印刷 印张:15 1/4
字数:350 000

定价:238.00元
(如有印装质量问题,我社负责调换)

全球生态环境遥感监测2015年度报告

编写委员会

主　任　　李加洪　国家遥感中心

施建成　遥感科学国家重点实验室／中国科学院
遥感与数字地球研究所、北京师范大学

廖小罕　中国科学院地理科学与资源研究所

副主任　　刘纪远　中国科学院地理科学与资源研究所

牛　铮　遥感科学国家重点实验室／中国科学院
遥感与数字地球研究所、北京师范大学

张松梅　国家遥感中心

宫　鹏　清华大学

柳钦火　中国科学院遥感与数字地球研究所

吴炳方　中国科学院遥感与数字地球研究所

全球生态环境遥感监测2015年度报告工作专家组

组　长　郭华东

副组长　刘纪远　李加洪　牛　铮　廖小罕

成　员（按姓氏汉语拼音排序）

陈　曦　陈克林　高志海　葛岳静　宫　鹏　何贤强　侯西勇　乐蓉蓉
李增元　李智彪　梁顺林　林明森　刘　闯　刘　慧　刘纪平　柳钦火
卢乃锰　唐新明　王纪华　王鹏新　王野乔　吴炳方　徐　文　许利平
张镜锂

全球生态环境遥感监测2015年度报告工作顾问组

组　长　徐冠华

副组长　童庆禧　郭华东

成　员（按姓氏汉语拼音排序）

陈　军　陈拂晓　陈镜明　傅伯杰　葛全胜　谷树忠　顾行发　何昌垂
金亚秋　李纪人　李朋德　刘纪远　孟　伟　潘德炉　彭以祺　秦大河
施建成　唐华俊　唐守正　王　桥　王光谦　吴国雄　杨桂山　姚檀栋
张国成　周成虎

近代以来，人类对地球资源的消耗和环境的破坏，导致全球性生态环境问题日益突出。全球气候变暖、水资源匮乏、环境污染、生物多样性锐减、土地荒漠化等重大生态环境问题，不仅影响全球经济、社会的可持续发展，而且以越来越快的速度侵蚀着人类生存的基础。

中国作为最大的发展中国家，一贯重视生态环境的保护和建设，积极落实联合国《2030年可持续发展议程》。在科学研究、政策制定和行动实施等层面动员和集聚了大量社会资源，致力于中国和全球生态环境的研究和保护。作为重要的技术保障，中国逐步建立了气象、资源、环境、海洋和高分等地球观测卫星及其应用系统，其观测能力很大程度上满足了中国在环境、资源和减灾等方面对地球观测数据的需求。同时，作为地球观测组织（GEO）的创始国和联合主席国，通过GEO合作平台，中国向世界开放共享其全球地球观测数据，并努力提供相关的信息产品和服务。

为积极应对全球变化，科技部于2012年启动了"全球生态环境遥感监测年度报告"工作。在科技部主管部领导，以及高新技术发展及产业化司、国际合作司的指导下，国家遥感中心（GEO中国秘书处）联合遥感科学国家重点实验室，通过共同组建生态环境遥感研究中心，充分利用国家科技计划及相关部门的科研成果，跨部门组织国内顶尖的科研团队参与年报工作，分别成立了顾问组、专家组和编写组，从组织、人力和技术上保障了年报工作的有序、顺利开展。

2013年5月，科技部首次向国内外正式公开发布了《全球生态环境遥感监测2012年度报告》，包括陆地植被生长状况和陆表水域面积分布状况两个专题报告及其数据产品，这是该领域第一次出现中国发布的权威报告和数据，产生了广泛和良好的国内外影响，被誉为开创性的工作。从2013年度报告开始，年报正式发布时间定为每年的世界环境日，以进一步提升全社会对环境保护的意识。

　　2013年度报告和2014年度报告在保持继承性和强调发展性的原则基础上，陆续发布了陆地植被生长状况、大型陆表水域面积时空分布、全球大宗粮油作物生产形势、全球城乡建设用地分布状况、大型国际重要湿地、非洲土地覆盖，以及中国－东盟生态环境状况等专题报告。

　　2015年度报告是在前三期年报发布的基础上进一步强调继承和创新。创新性体现为响应中国政府关于"丝绸之路经济带"和"21世纪海上丝绸之路"倡议，秉承"一带一路"倡议提出的可持续发展和合作共赢理念，针对"一带一路"沿线区域开展生态环境遥感监测工作，相关成果不仅可为"一带一路"倡议的实施规划方案制订提供现势性和基础性的生态环境信息，而且可作为"一带一路"倡议实施过程中的生态环境动态监测评估的基准。数据产品将无偿与相关国家和国际组织共享，共同促进区域可持续发展。继承性体现为年报已连续三年关注全球大宗粮油作物生产形势，它既关系全球粮食安全，又与农业生态环境保护紧密相关，受到全社会持续广泛的重视。

　　2015年度报告的两个专题报告注重吸收国家高技术研究发展计划（863计划）地球观测与导航技术领域，以及相关部门的最新科研成果。主要使用了Terra/Aqua、Landsat，以及FY、ZY、HJ和GF等国内外卫星的连续观测数据，从数据源上极大地保障了年报工作的顺利开展，形成的相关全球数据产品均同步公开发布，并提供网络在线服务。

　　全球生态环境遥感监测年度报告工作是一项长期而艰巨的任务。今后，我们将积极落实《国家创新驱动发展战略纲要》，深入参与全球科技创新治理，进一步扩展全球生态环境持续监测的内容，选择合适的专题形成报告向全球发布，为各国政府、研究机构和国际组织开展环境问题研究和制定环境政策提供依据，同时为推动中国GEO工作的深入开展作出新的积极贡献。

目 录

目 录

第二部分　全球大宗粮油作物生产形势

目 录

第 一 部 分
"一带一路"
生态环境状况

全球生态环境
遥感监测
2015
年度报告

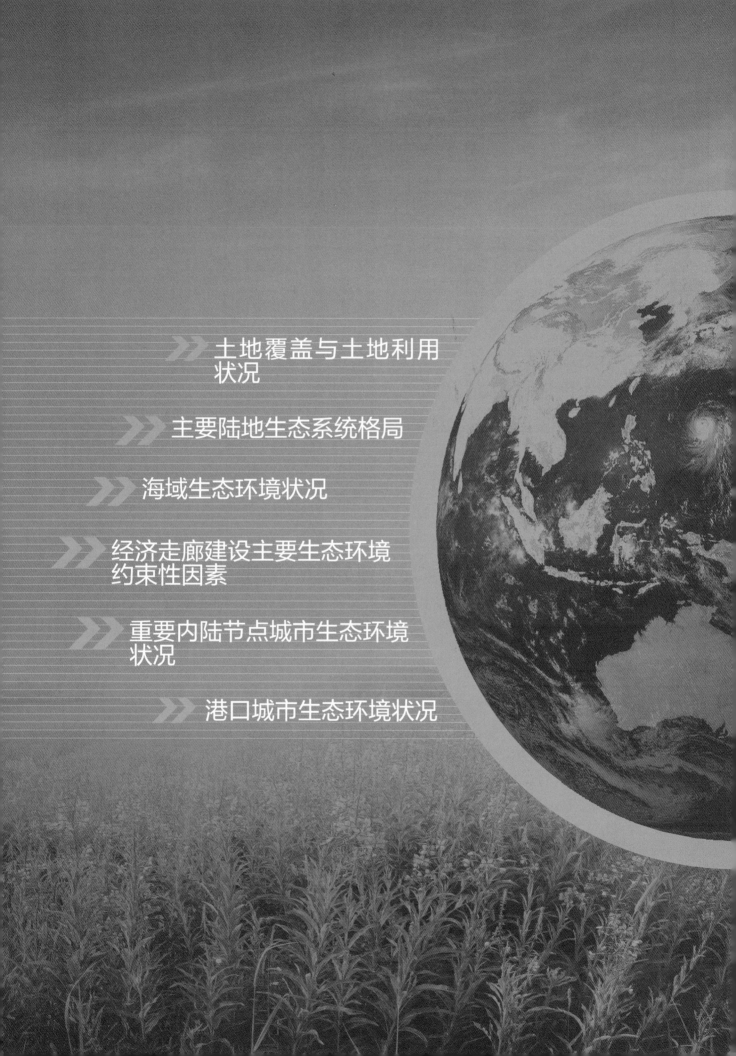

全球生态环境
遥感监测
2015
年度报告

一、引 言

2013年9月和10月，习近平主席在出访中亚和东南亚国家期间，先后提出了共建"丝绸之路经济带"和"21世纪海上丝绸之路"（简称"一带一路"）的重大倡议。2015年3月28日，中国国家发展改革委、外交部和商务部联合发布《推动共建丝绸之路经济带和21世纪海上丝绸之路的愿景与行动》（简称"愿景与行动"），"一带一路"倡议开始全面推进和实施。

"一带一路"贯穿亚非欧大陆，东牵蓬勃发展的亚太经济圈，西连发达的欧洲经济圈，中间广大腹地国家经济发展潜力巨大。陆上"丝绸之路经济带"依托国际大通道，以沿线中心城市为支撑，以重点经贸产业园区为合作平台，共同打造中蒙俄、新亚欧大陆桥、中国—中亚—西亚、中国—中南半岛、中巴和孟中印缅等经济走廊。"21世纪海上丝绸之路"以重点港口为节点，共同建设中国沿海港口至非洲、欧洲的通畅、安全、高效的海上运输大通道。主要航线包括中国—东南亚航线、中国—南亚—波斯湾航线、中国—印度洋西岸—红海—地中海航线，以及中国—澳大利亚航线。

"一带一路"陆域途经区域范围广阔，自然环境复杂多样，既有世界最高的高原、山地，又有富饶的平原、三角洲；既有雨量丰沛的热带雨林，又有极度干旱的荒漠、沙漠和异常寒冷的极地冰原，生态环境总体较为脆弱，其中，60%以上的区域为干旱和半干旱的草原、荒漠和高海拔生态脆弱区，气候干燥、降水量少。中亚、西亚和北非是全球气候最为干燥的地区，水资源严重短缺，土地荒漠化严重，生态系统一旦破坏将难以恢复。东南亚和南亚地区受季风的强烈影响，地震、洪涝、泥石流等自然灾害频发。同时，"一带一路"途经的大部分地区属于经济相对落后的发展中国家。近年来，快速的工业化、城市化进程造成了这些区域资源消耗飙升、空气污染、水污染、土地退化、生物多样性减少等一系列生态环境问题，严重地影响了区域的可持续发展。"一带一路"海域覆盖西太平洋、印度洋和东大西洋区域。全球气候变化已导致海平面上升，以及海水温度、盐度的异常变化，引起海洋灾害频发。海洋资源过度利用、陆源污染物排放过量等加剧了海洋污染，导致海洋生态系统更加脆弱。

"一带一路"陆域和海域空间范围广阔，生态系统复杂多样，生态环境要素异动频繁，全面协调"一带一路"建设与生态环境可持续发展，亟需利用遥感技术手段快速获取宏观、动态的全球及区域多要素地表信息，开展生态环境遥感监测。通过获取"一带一路"区域生态环境背景信息，厘清生态脆弱区、环境质量退化区、重点生态保护区等，可为科学认知区域生态环境本底状况提供数据基础；同时，通过遥感技术快速获取"一带一路"陆域和海域生态环境要素动态变化，发现其生态环境时空变化特点和规律，可为科学评价"一带一路"建设的生态环境影响提供科技支撑；此外，重要廊道和节点城市高分辨率遥感信息的获取，还将为开展"一带一路"建设项目投资前期、中期、后期生态环境监测与评估，分析其生态环境特征、发展潜力及可能存在的生态环境风险提供重要保障。

　　根据"一带一路"所穿越的主要区域的地理位置、自然地理环境、社会经济发展特征，以及与中国交流合作的密切程度等，本报告的监测区域覆盖100多个国家和地区，包括蒙古和俄罗斯区（蒙俄区）、东南亚区、南亚区、中亚区、西亚区、欧洲区、非洲东部和北部区（非洲东北部区）7个陆上区域，以及中国东部海域、南海、孟加拉湾、阿拉伯海、波斯湾、黑海和波罗的海等12个海域（图1-1）。陆域监测面积为5600万 km^2，海域监测面积为2242万 km^2，分别占全球陆地和海域面积的37.6%和6.2%。通过对2000～2015年的风云卫星（FY）、海洋卫星（HY）、环境卫星（HJ）、高分卫星（GF）、陆地卫星（Landsat）和地球观测系统（EOS）Terra/Aqua卫星等多源、多时空尺度遥感数据的标准化处理和模型运算，形成了土地覆盖、植被生长状态与生物量、辐射收支与水热通量、农情、海岸线、海表温度和光合有效辐射、海水透明度、浮游植物生物量和初级生产力等遥感数据产品。基于上述遥感数据产品，对"一带一路"陆域和海域生态环境、典型经济走廊与交通运输通道、重要节点城市和港口开展了遥感综合分析，形成了本报告及相关数据产品集。相关成果一方面可以为"一带一路"倡议的实施提供数据支持、信息支撑与知识服务；另一方面生态环境保护与合作是"一带一路"倡议的重要内容之一，中国率先将利用遥感技术所生产的生态环境监测数据产品免费共享给相关国家，通过与沿线国家开展合作，共同促进区域可持续发展。

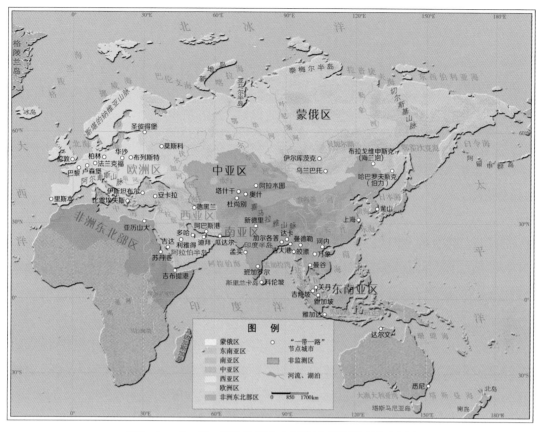

图1-1　"一带一路"陆域生态环境遥感监测区域示意图

二、土地覆盖与土地利用状况

    利用2014年陆表土地覆盖和土地利用程度指数遥感监测产品，对"一带一路"陆域土地覆盖和土地利用状况进行分析，揭示不同地区典型生态系统类型和土地利用程度的区域差异和特征。

2.1 土地覆盖状况

    "一带一路"监测区域地理跨度大，土地覆盖类型多样。2014年监测区域内土地覆盖类型以森林、草地和农田为主（图2-1），总面积分别为1279.33万km^2、1234.42万km^2和1159.77万km^2（表2-1），所占面积比例分别为24.07%、23.22%和21.82%（表2-2）。从空间分布看，森林主要分布在亚寒带和热带；草地主要分布在亚洲中部的高原山地及俄罗斯北部；农田多分布在印度半岛、中南半岛、西欧平原、中欧平原和东欧平原等。另外，裸地面积也较多，占监测区总面积的20.69%，主要分布在亚非荒漠区和蒙古高原地区。

表2-1 2014年"一带一路"监测区域主要生态系统类型面积

区域	农田		森林		草地	
	面积/万km^2	人均面积/hm^2	面积/万km^2	人均面积/hm^2	面积/万km^2	人均面积/hm^2
监测区域	1159.77	0.30	1279.33	0.33	1234.42	0.32
蒙俄区	193.77	1.32	635.09	4.32	760.05	5.17
东南亚区	130.44	0.21	355.96	0.57	28.66	0.05
南亚区	279.50	0.16	64.70	0.04	48.10	0.03
中亚区	74.17	1.11	5.84	0.09	233.37	0.34
西亚区	94.53	0.29	19.16	0.06	66.47	0.20
欧洲区	288.38	0.49	182.35	0.31	54.60	0.09
非洲东北部区	98.99	0.26	16.23	0.04	43.18	0.12

    与全球（不包括南极洲）土地覆盖状况相比，"一带一路"监测区域农田和人造地表的面积比例均高于全球平均水平，可见该区域人类活动强度高于全球平均水平。另外，裸地比例也高于全球平均水平，而森林、草地和灌丛所占比例明显低于全球平均水平，生态系统较为脆弱。

从各区生态系统类型的分布看，森林在东南亚区占66.41%，在7个区域中面积比例最高；农田在南亚区占55.91%，占比最高；而非洲东北部区和西亚区裸地占比较高；蒙俄区人均农田、森林、草地面积最多，分别为1.32hm²、4.32hm²和5.17hm²。

表2-2　2014年"一带一路"监测区域土地覆盖占比与全球对比　（单位：%）

土地覆盖类型	全球（不包括南极洲）	监测区域	一带一路占全球比例	蒙俄区	东南亚区	南亚区	中亚区	西亚区	欧洲区	非洲东北部区
农田	16.07	21.82	53.28	11.50	24.60	55.91	18.51	15.29	49.69	9.89
森林	26.91	24.07	35.10	37.47	66.41	12.94	1.46	3.10	31.42	1.61
草地	26.13	23.22	34.88	44.84	5.35	9.62	58.25	10.75	9.41	4.28
灌丛	11.64	6.78	22.87	2.34	0.41	5.34	4.23	8.42	2.08	20.88
水体	3.39	1.27	14.73	1.43	1.38	0.92	2.71	0.59	2.34	0.34
人造地表	0.84	1.57	73.38	0.56	0.98	1.65	0.80	0.77	4.43	2.67
裸地	10.54	20.69	77.06	0.08	0.05	12.64	13.53	61.08	0.32	59.56
冰雪	4.48	0.57	5.03	1.28	0.01	0.97	0.50	0.02	0.31	0.00

2.2　土地利用状况

"一带一路"监测区域土地利用程度指数平均值为0.34，不同区域利用程度差异明显（图2-2），但总体上高值区域与人口分布的稠密区域吻合。中南半岛、南亚、欧洲和小亚细亚半岛等地海拔较低，水热组合条件较好，农耕历史悠久，农田利用程度和建设性用地比例较高，土地利用程度指数普遍在0.6以上。亚欧大陆北部的土地利用程度指数为0.4～0.6，其中亚欧大陆北部属严寒区，生态环境相对严酷，利用程度较低。青藏高原西北部、中亚区、西亚区和非洲东北部区由于降水稀少，裸地和沙漠广布，只有少部分具备灌溉条件的土地开辟为农田，土地利用程度指数普遍在0.4以下（表2-3）。

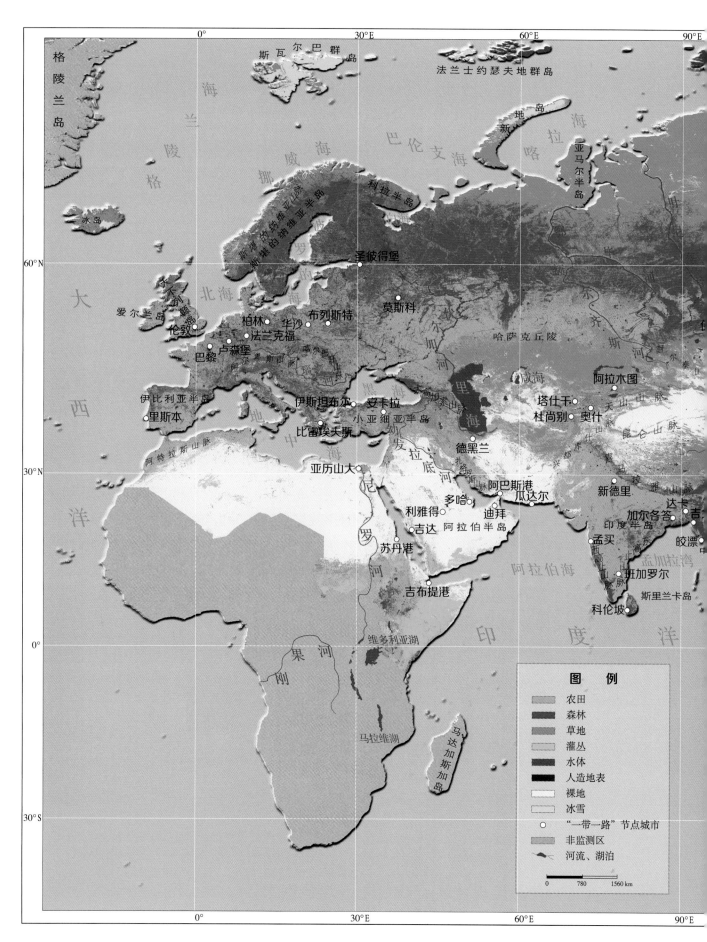

格陵兰岛

斯瓦尔巴群岛

法兰士约瑟夫地群岛

新地岛

亚马尔半岛

巴伦支海

喀拉海

挪威海

科拉半岛

斯堪的纳维亚山脉

斯堪的纳维亚半岛

60°N 圣彼得堡

冰岛

大西洋

爱尔兰岛

不列颠群岛

北海

莫斯科

哈萨克丘陵

额尔齐斯河

伦敦 柏林 华沙 布列斯特

法兰克福

巴黎 卢森堡

阿拉木图

伊比利亚半岛 伊斯坦布尔 安卡拉

塔什干

里斯本 比雷埃夫斯

小亚细亚半岛

里海 咸海

天山山脉

昆仑山脉

阿特拉斯山脉

阿尔卑斯山脉

比利牛斯山脉

地中海

黑海

高加索山脉

德黑兰

杜尚别 奥什

扎格罗斯山脉

兴都库什山脉

喜马拉雅山脉

30°N 亚历山大

多哈

阿巴斯港

瓜达尔

新德里 达卡

尼罗河

利雅得 迪拜

印度半岛

加尔各答

发拉底河

底格里斯河

吉达 阿拉伯半岛

孟买 皎漂

苏丹港

西高止山脉

东高止山脉

阿拉伯海

班加罗尔

孟加拉湾

吉布提港

科伦坡 斯里兰卡岛

0°

维多利亚湖

印度洋

刚果河

马拉维湖

马达加斯加岛

30°S

图 例

	农田
	森林
	草地
	灌丛
	水体
	人造地表
	裸地
	冰雪
○	"一带一路"节点城市
	非监测区
	河流、湖泊

0 780 1560 km

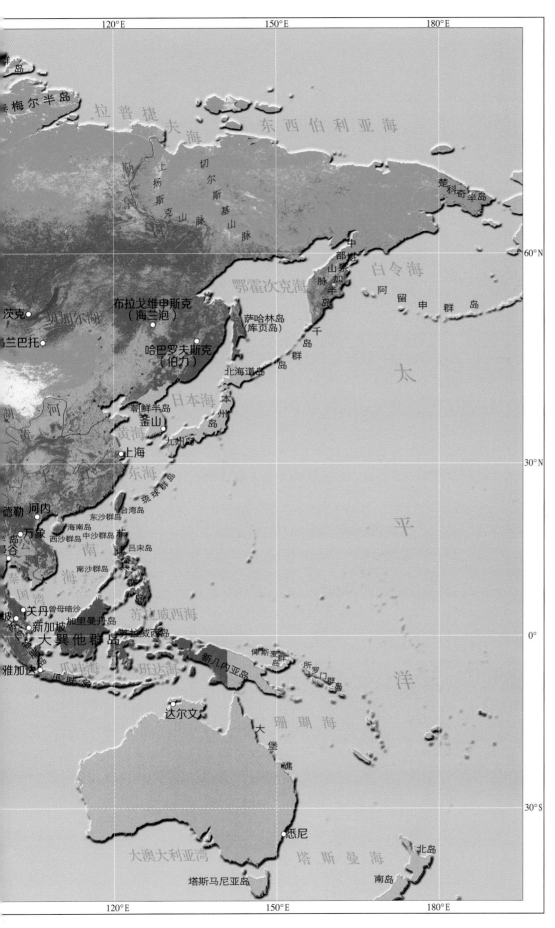

图2-1 2014年
"一带一路"监
测区域土地覆盖
类型分布

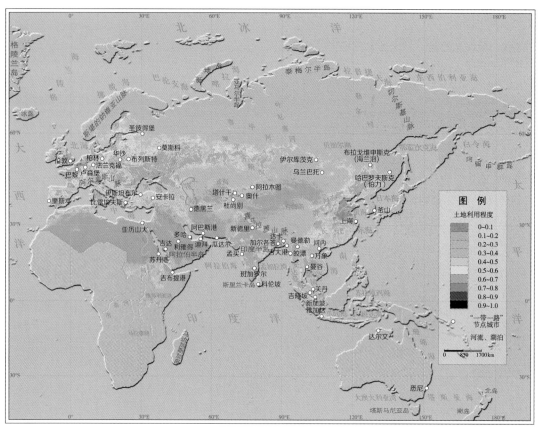

图2-2　2014年"一带一路"监测区域土地利用程度指数空间分布

表2-3　2014年"一带一路"监测区域不同土地利用程度指数分级面积统计

区域	土地利用程度指数分级面积占比/%					土地利用程度指数总平均值
	0~0.2	0.2~0.4	0.4~0.6	0.6~0.8	0.8~1	
全球	21.69	46.56	16.28	15.27	0.19	0.34
蒙俄区	2.53	81.19	9.36	6.88	0.04	0.36
东南亚区	0.00	64.28	19.81	15.75	0.15	0.42
南亚区	13.59	19.22	20.34	46.40	0.45	0.48
中亚区	14.52	57.25	18.04	10.06	0.13	0.35
西亚区	61.56	17.15	13.57	7.62	0.10	0.19
欧洲区	0.38	25.28	37.17	36.52	0.65	0.52
非洲东北部区	62.23	23.79	8.28	5.67	0.03	0.16

2.3 各区域土地利用状况

2.3.1 蒙俄区

蒙俄区土地利用程度指数比全球平均水平稍高，土地利用状况空间差异明显（图2－3）。

俄罗斯土地利用潜力大，土地利用程度指数普遍为0.3～0.4，60°N以北地区草地、森林集中，以森林开采和放牧为主。土地利用程度指数大于0.5的区域主要分布在俄罗斯西南部，该区域城镇、人口密集，热量条件充足，是俄罗斯主要的农作物种植区，土地利用程度最大。

蒙古位于蒙古高原，受大陆气候的影响，全年干燥少雨，土地利用程度指数普遍低于0.4。由于南部沙漠广布，荒漠化严重，存在大规模难以利用的土地，土地利用程度指数低于0.2。蒙古草地主要集中分布在中部地区，由于主要发展畜牧业，土地利用程度指数为0.2～0.4。与俄罗斯相邻的北部地区有色楞格河、鄂尔浑河和克鲁伦河等多条河流分布，水资源相对充足，草地和森林分布集中，土地利用程度指数在0.4以上，其中乌兰巴托、达尔汗城市附近区域由于自然条件相对比较好，是建设用地和农田集中分布区，土地利用程度指数大于0.5。

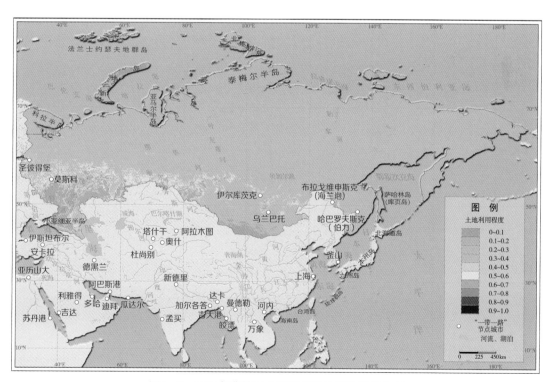

图2－3 2014年蒙俄区土地利用程度指数空间分布

13

2.3.2 东南亚区

东南亚区土地利用程度较高，在各区中排第三，仅次于欧洲区和南亚区（图2-4）。全区土地利用程度指数平均值为0.42，在各区中利用状况处于较高水平。该区域土地利用程度指数为0.2～0.4的区域面积较大，占比高达64.28%；土地利用程度指数为0.8～1.0的区域面积较小，主要分布在吉隆坡、雅加达、金边等高度发展的城市及其周边。利用程度高值区主要分布于中南半岛的中部和南部，以农业耕种和城市建设为主，其中泰国土地利用程度最高，其次为越南和缅甸；土地利用程度低值区大多位于森林分布区或海拔较高的地区。马来群岛中东部和中南半岛北部海拔较高且植被覆盖度较大，土地利用程度指数较低。

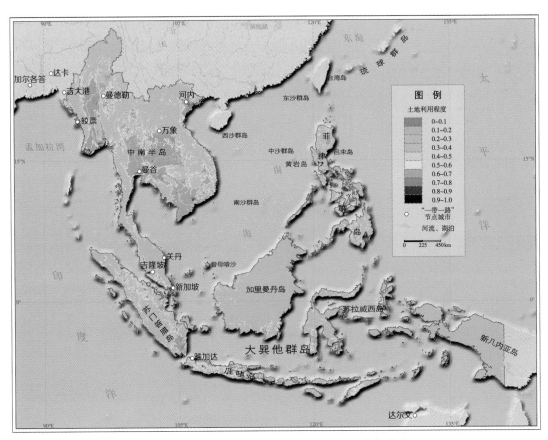

图2-4　2014年东南亚区土地利用程度指数空间分布

2.3.3 南亚区

南亚区土地利用程度指数平均为0.48，在各区中排第二，仅次于欧洲区（图2-5）。印度、孟加拉国土地利用程度整体较高，土地利用程度指数大多在0.6以上，主要为农田垦殖与城镇建设；巴基斯坦东部与南部沿印度河流域的农田、城镇分布较多，土地利用程度也较高。另外，南亚中部、西部与北部的山地地区，以及东南部与印度交界的塔尔沙漠，土地利用程度最低；阿富汗中南部地区草地与裸地广泛分布，利用程度较低，而在北部农田分布地区和中部地区土地利用程度稍高；尼泊尔和不丹为山地国家，具有较高的森林覆盖，其山区土地利用程度也较低。

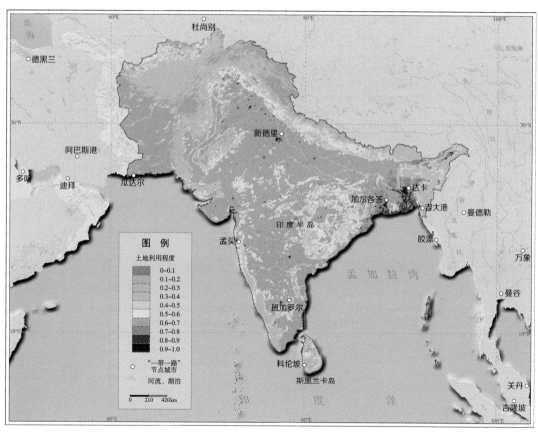

图2-5　2014年南亚区土地利用程度指数空间分布

2.3.4 中亚区

中亚区地广人稀，土地利用程度总体较低，土地利用程度指数平均为0.35，略高于全球平均水平0.34，在各区中排倒数第三，仅高于非洲东北部区和西亚区（图2-6）。从土地利用程度空间分异看，土地利用程度指数低于0.4的地区面积占中亚区总面积的72.07%，主要分布在哈萨克斯坦的中部和南部、乌兹别克斯坦的东南部、土库曼斯坦大部分区域，以及塔吉克斯坦的东南部。土地利用程度指数为0.4～0.6的地区面积占17.41%，分布在哈萨克斯坦中部偏北的区域和中亚南部区域。土地利用程度指数为0.6～0.8的区域主要分布在哈萨克斯坦最北部的农业生产集中区，占10.39%。土地利用程度指数高于0.8的区域，集中分布于大城市及其周边，仅占0.13%。

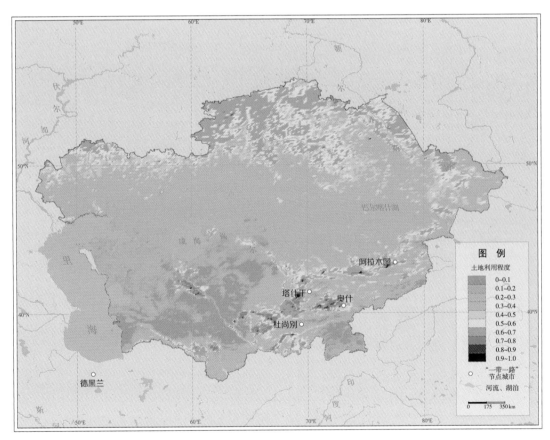

图2-6　2014年中亚区土地利用程度指数空间分布

2.3.5　西亚区

西亚区土地利用程度指数平均为0.19，在各区中排在倒数第二位，仅略高于非洲东北部区（图2－7）。叙利亚北部、黎巴嫩、以色列北部、地中海东岸、美索不达米亚平原土地利用程度指数均在0.6以上，利用程度最高。小亚细亚半岛土地利用程度较高，主要体现为农田垦殖。伊朗西部及也门西部和南部区域土地利用程度指数在0.4以上，其土地利用程度也较大。而沙特阿拉伯、阿曼、阿联酋、伊拉克、科威特，以及东北部的伊朗大部分地区，荒漠和裸地分布广泛，可充分利用的土地资源有限，土地利用程度指数普遍在0.2以下。

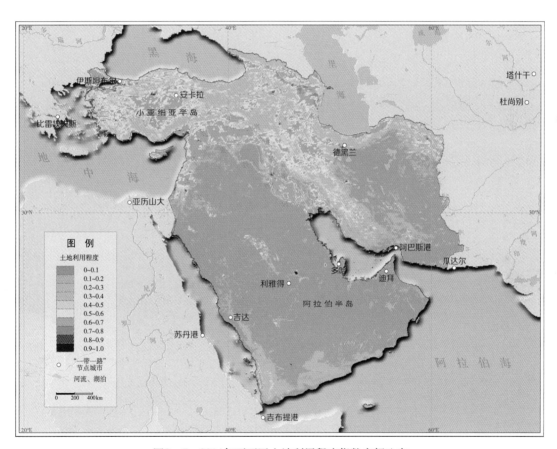

图2－7　2014年西亚区土地利用程度指数空间分布

2.3.6 欧洲区

欧洲区土地利用程度指数平均为0.52，土地利用程度在各区中排第一（图2-8）。除北欧以外，各地区土地利用程度普遍较高，土地利用程度指数大多在0.4以上，主要为农田垦殖和城镇建设。北欧由于气候严寒、生态环境相对严酷，土地利用程度最低。另外，濒临亚得里亚海的波黑、黑山、阿尔巴尼亚、塞尔维亚、马其顿等南欧国家，以及斯堪的纳维亚山脉、比利牛斯山脉、阿尔卑斯山脉、亚平宁山脉、喀尔巴阡山脉等附近地区，由于受地形或其他自然因素约束，土地利用程度较低。

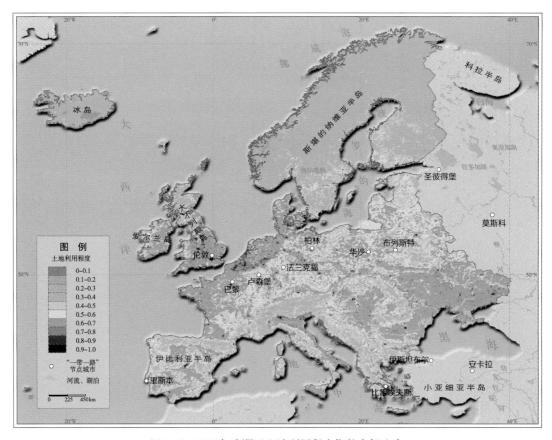

图2-8 2014年欧洲区土地利用程度指数空间分布

2.3.7 非洲东北部区

非洲东北部区土地利用程度指数平均为0.16，远低于全球平均水平，在各区中土地利用程度最低，各国土地利用程度差异较大（图2-9）。地中海沿岸、大西洋沿岸，以及苏丹南部、埃塞俄比亚西部和肯尼亚西南部土地利用程度指数大多在0.25以上，主要为农田垦殖和城镇建设，尤其是非洲北部农业生产技术较高，土地利用程度指数最高。该区域20°～30°N地带沙漠分布广泛，由于严酷自然条件的约束，土地利用程度指数低于0.2。

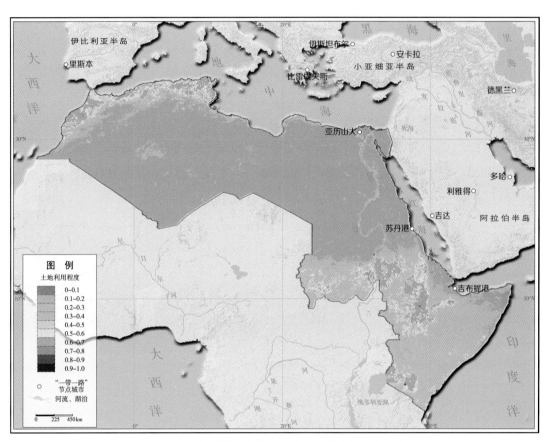

图2-9　2014年非洲东北部区土地利用程度指数空间分布

19

三、主要陆地生态系统格局

利用2014年农田复种指数、森林生物量、草地净初级生产力等定量遥感产品对农田、森林、草地等生态系统分布格局进行了系统的监测分析，反映"一带一路"陆域各主要生态系统的空间分布格局。

3.1 农田生态系统分布格局

2014年"一带一路"陆域监测区的农田总面积为1159.77万km^2（图3-1），其中，农田面积较大的两个区分别为欧洲区（288.38万km^2）和南亚区（279.5万km^2），空间分布差异明显，呈现出南北两大农田带。北部农田带位于北半球中纬度西部，主要包括西欧平原、中欧平原、东欧平原，该地区地势较为平坦，农田呈现东西走向的条带分布。南部农田带大致呈东北—西南走向，主要分布于印度半岛、中国东部地区和中南半岛。

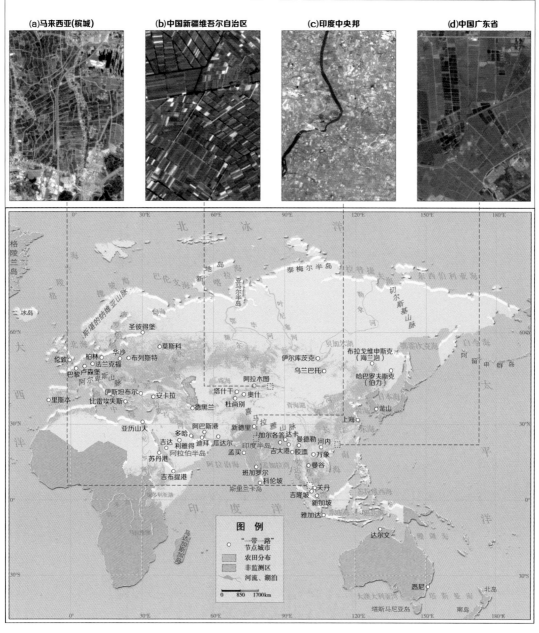

(a)马来西亚(槟城)　　(b)中国新疆维吾尔自治区　　(c)印度中央邦　　(d)中国广东省

图3-1　2014年"一带一路"陆域农田分布

复种指数分布（图3-2）表明北部农田带纬度较高，年积温不足，农田复种指数一般为1，主要作物为小麦。南部农田带复种指数变异较大，南亚中部因水分不足，复种指数一般为1；30°N附近光热水状况较好，复种指数一般为2，主要作物为小麦和玉米；东南亚地区光热水状况优越，农田复种指数为3，主要作物为水稻。

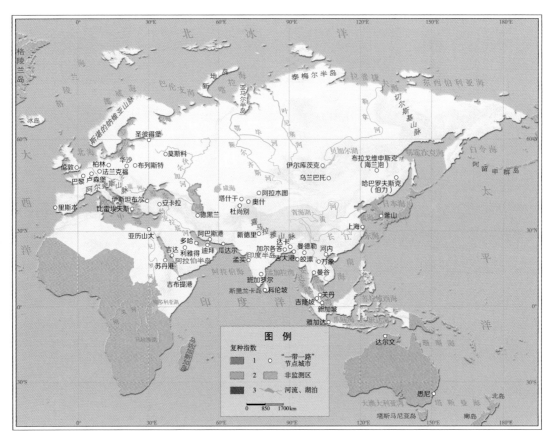

图3-2 2014年"一带一路"陆域农田复种指数分布

2014年"一带一路"陆域粮食主产区玉米、水稻、小麦和大豆的总产量分别为16269万、48908万t、36023万t、1699万t。四种大宗粮食作物的人均产量差别较大，东南亚区、俄罗斯达400kg/人以上，中亚区、欧洲区达300kg/人以上，南亚区低于200kg/人，非洲东北部区和西亚区低于150kg/人（表3-1）。

表3-1 2014年"一带一路"陆域主要农作物产量

监测区域	玉米		水稻		小麦		大豆	
	总量/万t	人均/kg	总量/万t	人均/kg	总量/万t	人均/kg	总量/万t	人均/kg
蒙俄区	1176	80.00	—	—	5327	362.38	151	10.27
东南亚区	3604	57.76	26057	417.58	—	—	—	—
南亚区	2488	14.46	21732	126.28	12005	69.76	1163	6.76
中亚区	—	—	—	—	2011	300.15	—	—
西亚区	586	17.98	—	—	3409	104.57	—	—
欧洲区	6083	102.75	—	—	12320	208.11	385	6.50
非洲东北部区	2332	62.35	1119	29.92	951	25.43	—	—

注："—"表示无数据或者数据值偏小。

3.2 森林生态系统分布格局

"一带一路"陆域森林分布广阔,主要集中在西伯利亚—西欧一带、东南亚区、中国东南部和东北地区(图3-3)。森林总面积为1279.33万km^2,地上生物量总量为1495.03亿t。其中蒙俄区、东南亚区的森林面积分别为635.09万km^{2}和355.96万km^2,森林地上生物量分别为932.52亿t和250.74亿t,呈现出由高纬度向低纬度递增的空间格局。

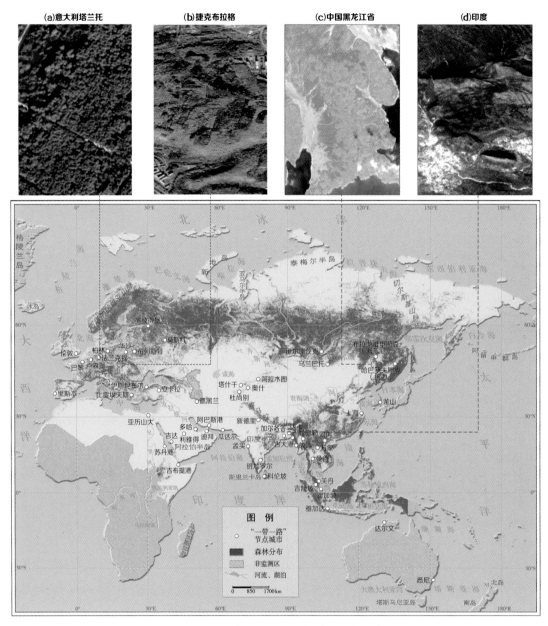

图3-3 2014年"一带一路"陆域森林分布

　　2014年森林地上生物量分布（图3-4）表明，东南亚区纬度较低，终年炎热，常年日照和降水充沛，森林资源丰富，林木生长茂盛，主要以热带雨林、热带季雨林为主。俄罗斯和欧洲区分布着世界上面积最大的亚寒带针叶林，约占全球森林面积的1/5。东南亚森林植物净初级生产力（net primary productivity, NPP）普遍在400gC/(a·m²)以上；由于光热条件相对较差，俄罗斯的森林NPP仅为83.67gC/(a·m²)，但其中部森林地上生物量明显高于其他地区，森林蓄积量巨大。中亚区、西亚区和非洲地区的森林资源匮乏（图3-5）。

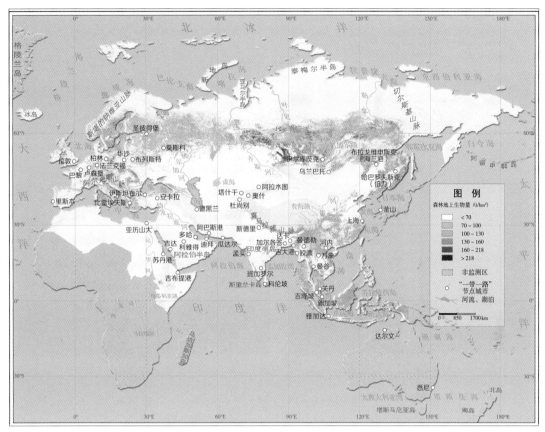

图3-4 2014年"一带一路"陆域森林地上生物量分布

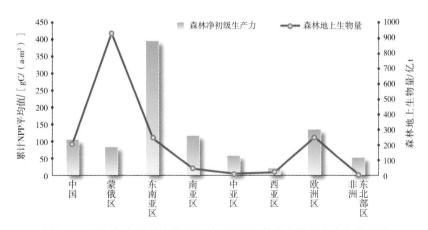

图3-5 2014年各区域森林年累计NPP平均值和森林地上生物量总量

3.3 草地生态系统分布格局

"一带一路"陆域草地（含苔原）总面积为1234.42万km²，其中，蒙俄区草地面积达760.05万km²；中亚区地处内陆，气候干旱，草地面积为233.37万km²；其他地区草地面积较小（图3-6）。

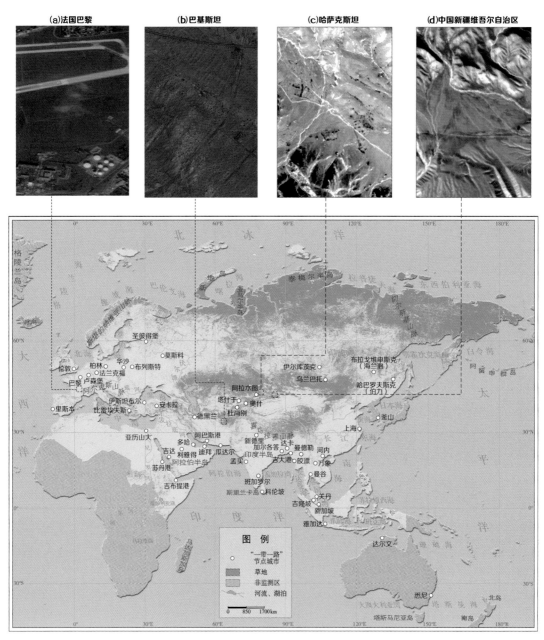

图3-6 2014年"一带一路"陆域草地分布

2014年"一带一路"陆域草地NPP总量为7.77亿tC/a，区域差异显著（图3－7）。由于水热充足，东南亚区草地面积小，但生产力最高，年NPP约为310gC/(a·m²)，远高于全区平均值[61.92gC/(a·m²)]。由于气候寒冷，俄罗斯北部苔原年NPP小于10gC/(a·m²)。亚欧草原普遍光照充足，气候干旱，年NPP为10～50gC/(a·m²)。青藏高原地区年平均气温一般在0℃以下，草地类型以高寒草甸与高寒草原为主，草地NPP以10～50gC/(a·m²)的分布为主（图3－8）。

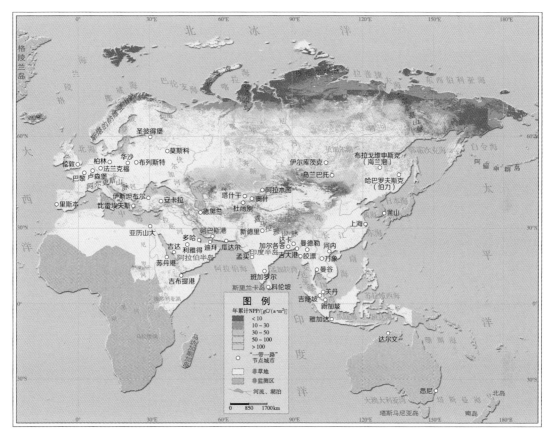

图3－7　2014年"一带一路"陆域草地NPP分布

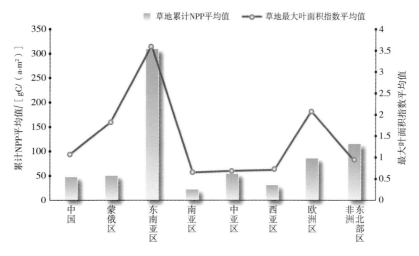

图3－8　2014年"一带一路"草地累计NPP和最大叶面积指数（MLAI）平均值

3.4 各区域生态系统格局

"一带一路"区域地理跨度大，生态资源丰富。欧洲区农田面积最大，为288.38万km^2，蒙俄区森林生物量和草地累计NPP总量最多，分别为932.52亿tC/a和4.39亿tC/a。各区生态资源量详见表3-2和表3-3。

表3-2 2014年监测区域主要生态资源数量

区域	农田	森林		草地	
	面积/万km^2	面积/万km^2	地上生物量/亿t	面积/万km^2	年NPP总量/（亿tC/a）
监测区域	1159.77	1279.33	1495.03	1234.42	7.77
蒙俄区	193.77	635.09	932.52	760.05	4.39
东南亚区	130.44	355.96	250.74	28.66	0.44
南亚区	279.50	64.70	45.56	48.10	0.12
中亚区	74.17	5.84	2.68	233.37	1.45
西亚区	94.53	19.16	13.62	66.47	0.23
欧洲区	288.38	182.35	244.59	54.60	0.56
非洲东北部区	98.99	16.23	3.74	43.18	0.58

表3-3 2014年监测区域主要生态资源人均数量

区域	农田	森林		草地	
	人均农田面积/hm^2	人均森林面积/hm^2	人均生物量/t	人均草地面积/hm^2	人均年累计NPP/（kgC/a）
监测区域	0.3	0.33	38.82	0.32	201.83
蒙俄区	1.32	4.32	634.37	5.17	2983.03
东南亚区	0.21	0.57	40.18	0.05	70.16
南亚区	0.16	0.04	2.65	0.03	7.07
中亚区	1.11	0.09	4.00	0.34	2165.25
西亚区	0.29	0.06	4.18	0.20	71.11
欧洲区	0.49	0.31	41.32	0.09	94.79
非洲东北部区	0.26	0.04	0.99	0.12	156.20

3.4.1 蒙俄区

蒙俄区生态系统主要包括农田、森林和草地，其中，农田总面积为193.77万km²，人均农田面积约为1.32hm²。俄罗斯农田面积约为188.77万km²。因俄罗斯纬度比较高，以一年一熟的种植模式为主，主要农作物为小麦、玉米，2014年总产量分别为5327万t和1176万t。蒙古的农田主要分布在北部地区，面积仅为5万km²。

森林总面积为635.09万km²，森林类型主要为北方针叶林，地上生物量总量为932.52亿t。人均森林地上生物量为634.37t。森林生物量分布（图3-9）表明，俄罗斯的森林地上生物量平均值约为89t/hm²，其中，中西伯利亚高原的森林地上生物量多在80t/hm²以下，而西西伯利亚平原和东欧平原的森林地上生物量多在100t/hm²以上。相比之下，蒙古高原的森林地上生物量偏低，平均值约为70t/hm²。

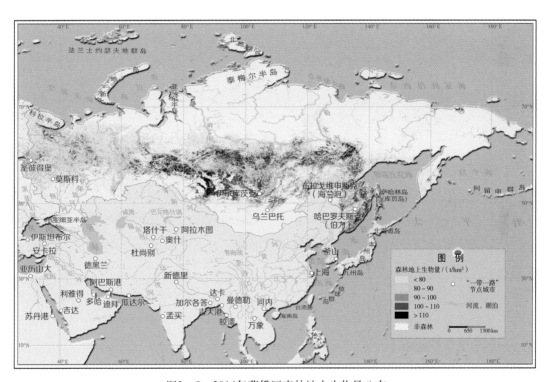

图3-9 2014年蒙俄区森林地上生物量分布

草地总面积为760.05万km²，草地NPP总量为4.39亿tC/a（图3-10）。俄罗斯绝大部分草地的年累计NPP低于25gC/(a·m²)，主要分布在俄罗斯北部地区。草地累计NPP分布表明，高值区主要集中在中西伯利亚高原，其中草地NPP大于180gC/(a·m²)的地区主要分布在中西伯利亚高原东部地区。蒙古高原南部草地NPP小于25gC/(a·m²)，北部NPP为50~100gC/(a·m²)。

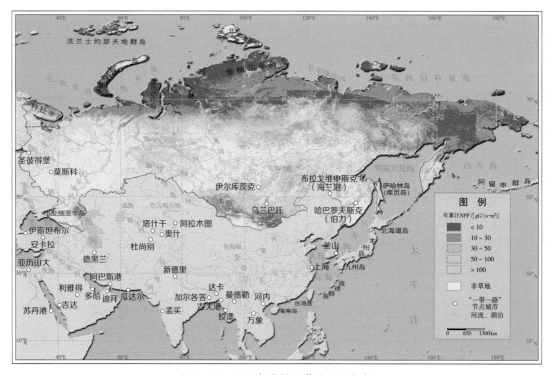

图3－10　2014年蒙俄区草地NPP分布

3.4.2　东南亚区

东南亚区生态系统主要为农田和森林。农田总面积为130.44万km²，主要分布在地势平坦而且土地肥沃的中南半岛三角洲地区。缅甸中部和泰国东部地区以一年一熟的种植模式为主；缅甸南部、泰国中南部、越南北部和马来群岛农作物为一年二熟的种植模式；越南南部和马来群岛部分地区农作物为一年三熟的种植模式（图3－11）。东南亚区主要作物类型为水稻和玉米，2014年产量分别为26057万t和3604万t，人均产量分别为417.58kg和57.76kg。印度尼西亚是东南亚地区最大的粮食生产国，2014年玉米和水稻总产量分别为1836万t和6928万t。

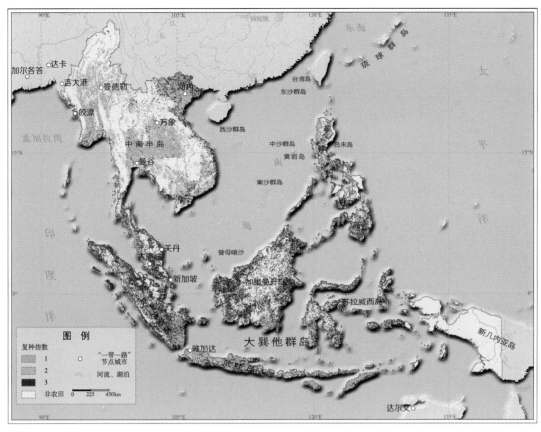

图3-11　2014年东南亚区农田复种指数分布

　　森林总面积为355.96万km²，中南半岛主要森林类型为亚热带常绿林，10° N线以南的马来半岛、苏门答腊岛主要森林类型为热带雨林，森林地上生物量总量250.74亿t，人均森林地上生物量为40.18t。森林生物量分布（图3-12）表明，高值区主要分布在缅甸北部和老挝，达到200t/hm²。印度尼西亚和马来西亚森林面积大，森林地上生物量普遍为100～140t/hm²。印度尼西亚是东南亚区森林地上生物量最大的国家，森林地上生物量总量为160.65亿t。其次为缅甸、马来西亚和老挝，森林地上生物量分别为34.44亿t、30.89亿t和18.82亿t。

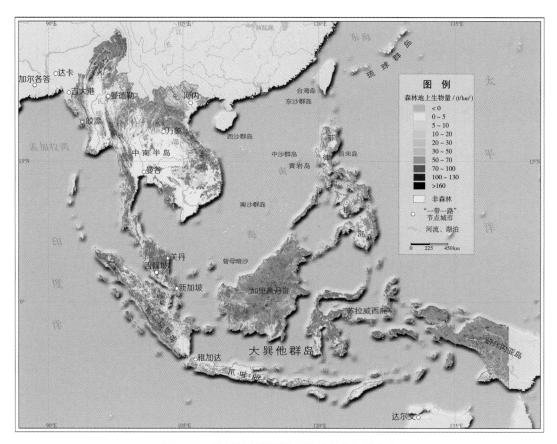

图3-12 2014年东南亚区森林地上生物量分布

3.4.3 南亚区

南亚区生态系统主要包括农田和森林。农田总面积为279.5万km²，主要分布在水热充足、地势平坦的印度河-恒河平原和德干高原及其以东地区。农田农作物熟制多样，德干高原及其以东地区为一年一熟的种植模式，德干高原北部和恒河平原主要为一年二熟的种植模式；在孟加拉湾地区，由于光照、热量和降水充足，部分区域为一年三熟的种植模式（图3-13）。南亚区主要作物类型为水稻、小麦和玉米，2014年产量分别为21732万t、12005万t和2488万t，人均产量分别为126.28kg、69.76kg和14.46kg。印度是南亚区最大的粮食生产国，总产量为28442万t，其中，水稻的产量最高，为15696万t，人均产量为121.18kg；其次为小麦，总产量为9566万t，人均产量73.85kg。巴基斯坦的主要粮食作物为小麦，总产量为2439万t，人均产量为131.81kg。孟加拉国是主要的水稻产区，总产量为5087万t，人均产量为319.78kg。

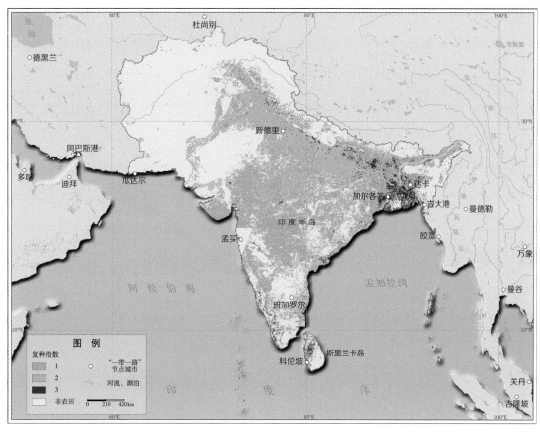

图3-13　2014年南亚区农田复种指数分布

　　森林总面积为64.7万km²，主要森林类型为亚热带阔叶林，森林地上生物总量为45.56亿t（图3-14），人均森林生物量为2.65t。南亚区森林地上生物量存在明显的空间分布差异，其空间分布格局与森林类型有明显关系。喜马拉雅山南麓海拔1800～3800m处的森林地上生物量较低，为70～90t/hm²，喜马拉雅山高海拔地区森林地上生物量更低，约60t/hm²。孟加拉湾一带森林地上生物量较高，为100～120t/hm²。

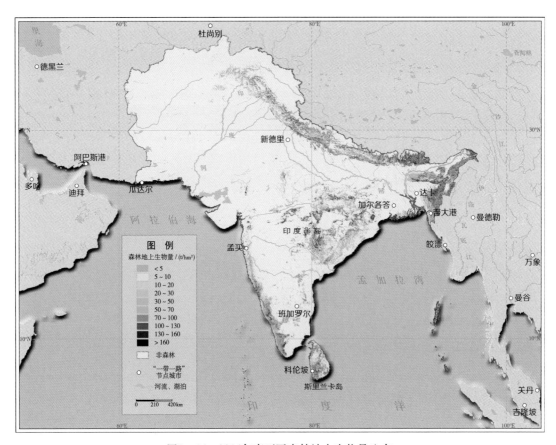

图3-14 2014年南亚区森林地上生物量分布

3.4.4 中亚区

中亚区生态系统主要为荒漠、草地和农田。农田总面积为74.17万km²，主要分布于哈萨克斯坦北部地区、阿姆河流域、锡尔河流域、南部吉尔吉斯斯坦和塔吉克斯坦的费尔干纳盆地，农作物熟制以一年一熟为主（图3-15）。中亚区粮食生产以小麦、玉米、水稻和棉花为主，小麦分布在年降水量较多的哈萨克斯坦，水稻分布在灌溉条件好的阿姆河、锡尔河和伊犁河河谷地区，棉花分布在乌兹别克斯坦、土库曼斯坦和塔吉克斯坦。小麦总产量为2011万t，人均产量为300.15kg。

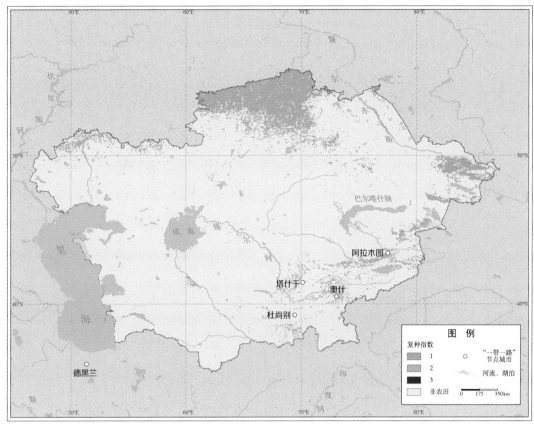

图3-15　2014年中亚区农田复种指数分布

2014年草地总面积为233.37万km²，NPP总量为1.45亿tC/a。中亚地区草地年累积NPP处于较低水平，空间差异不明显（图3-16），年累积NPP主要为30～50gC/(a·m²)，主要分布在哈萨克斯坦中部平原区及南部的国家。年累积NPP大于50gC/(a·m²)的草地仅出现在哈萨克斯坦最北端、吉尔吉斯斯坦及塔吉克斯坦山区。

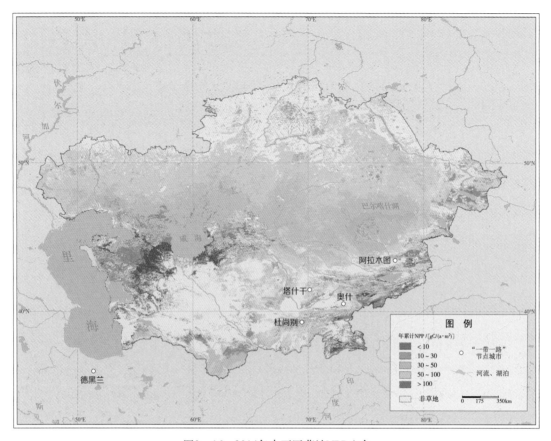

图3－16　2014年中亚区草地NPP分布

3.4.5　西亚区

西亚区生态系统以荒漠、农田和草地为主。农田总面积为94.53万km²，人均农田面积为0.29hm²/人。农田多分布在河谷平原和沙漠中有地下水灌溉的绿洲，主要分布在美索不达米亚平原、地中海东岸、土耳其东部、伊朗西部和北部及高加索地区。熟制以一年一熟的种植模式为主，主要作物类型为玉米和小麦。土耳其是西亚区最大的粮食生产国，2014年粮食总产量2660万t，其中小麦总产量2074万t，玉米总产量586万t；伊朗是西亚区第二大粮食生产国，2014年小麦总产量1335万t。

草地总面积66.47万km²，2014年NPP总量为0.23亿tC/a，山区草地NPP高、平原草地NPP低。阿拉伯半岛西南部、伊朗南部和东部部分区域NPP最高，为30～50gC/(a·m²)，伊朗、黎巴嫩、格鲁吉亚、亚美尼亚、阿塞拜疆和也门高于全区域平均，其余各国年NPP值普遍低于30gC/(a·m²)，塞浦路斯、沙特阿拉伯、阿曼和伊拉克最高不超过10gC/(a·m²)（图3－17）。

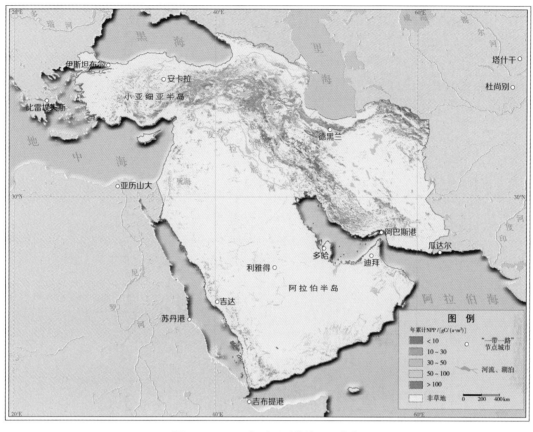

图3-17　2014年西亚区草地NPP分布

3.4.6　欧洲区

　　欧洲区生态系统以农田和森林为主。农田总面积为288.38万km²，除北欧和中欧北缘的沼泽区由于温度不足或排水条件较差以外，其他各地区农田覆盖率都很高且分布均匀。欧洲农田复种指数为1～2，且以一年一熟的种植模式为主，仅欧洲西部及瑞典南部部分地区存在一年两熟的种植模式（图3-18）。欧洲主要作物类型为小麦和玉米，2014年总产量分别为12320万t和6083万t，人均产量分别为208.11kg和102.75kg。法国小麦总产量最高，达3795万t，人均产量为600.45kg；乌克兰玉米总产量最高，达2998万t，人均产量为660.94kg。

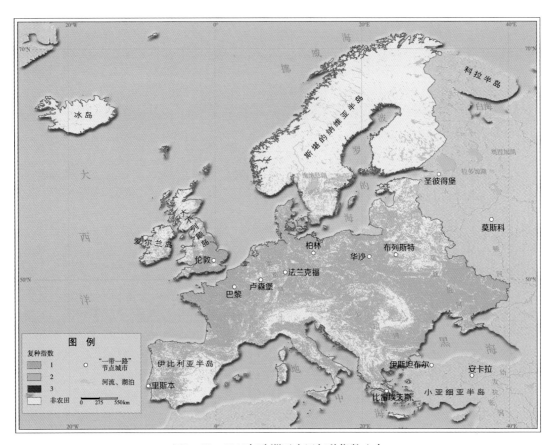

图3－18　2014年欧洲区农田复种指数分布

森林总面积为182.35万km^2。森林类型主要为北方针叶林、温带阔叶林和混生林，北方针叶林主要分布在气候寒冷的北欧地区，温带阔叶林和混生林则基本遍布欧洲的其他地区。欧洲地上森林生物量总量为244.59亿t，分布上存在外缘低、中间高的空间差异。北欧的挪威、冰岛纬度较高，森林地上生物量极低，而瑞典及芬兰南部森林地上生物量相对较高，为80～194t/hm^2；南部的西班牙仅西北沿海一带普遍低于80t/hm^2；东部的乌克兰及西部的法国、荷兰、比利时等地森林地上生物量均较低（图3－19）。

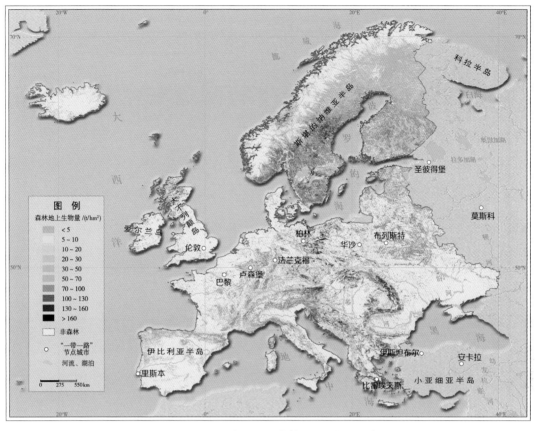

图3－19　2014年欧洲区森林地上生物量分布

3.4.7　非洲东北部区

非洲东北部区生态系统主要包括荒漠、农田和森林。农田总面积为98.99万km²，主要分布在水分条件相对较好的地中海沿岸、苏丹南部和非洲东部各国。尼罗河流域和埃塞俄比亚西南部农业生产技术较为先进，是一年二熟制的种植模式，其他区域以一年一熟的种植模式为主。埃及是非洲东北部区最大的粮食生产国，总产量2196万t，其中小麦产量最高，总产量为951万t，人均产量为170kg，埃及还是世界上最重要的长绒棉生产和出口国，出产世界上50%的优质超级长绒棉。埃塞俄比亚的主要粮食作物为玉米，其总产量为723万t，人均产量为72.3kg。

森林总面积为16.23万km²，主要森林类型为热带森林、季节性干旱森林和地中海森林。森林地上生物总量为3.74亿t，人均生物量为0.99t。非洲东北部区的森林地上生物量存在明显的空间分布差异（图3－20），高值区主要分布在埃塞俄比亚西部，达到90t/hm²；肯尼亚、索马里、突尼斯和摩洛哥森林覆盖率高，森林地上生物量较低。

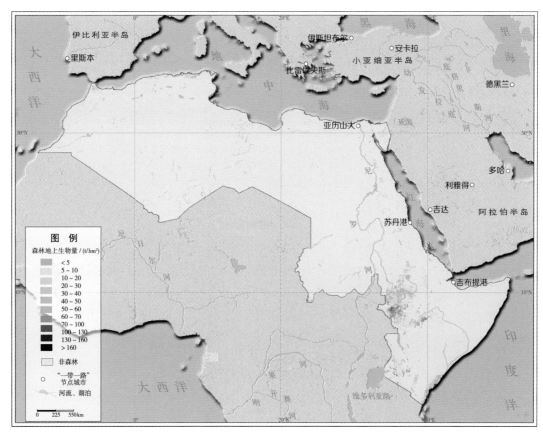

图 3 - 20   2014年非洲东北部区森林地上生物量分布

四、海域生态环境状况

　　"一带一路"海域覆盖西太平洋、印度洋和东大西洋区域，水下地形复杂，包含水深小于200m的陆架、200～2000m的陆坡，以及大于2000m的深海海盆。"21世纪海上丝绸之路"途经的主要关键航行通道包括台湾海峡、吕宋海峡、马六甲海峡、卡里马塔海峡、巽他海峡、望加锡海峡、托雷斯海峡、保克海峡、霍尔木兹海峡、曼德海峡、苏伊士运河、莫桑比克海峡、好望角、土耳其海峡、直布罗陀海峡、英吉利海峡和斯卡格拉克海峡等（图4-1）。

　　根据地理位置和生态地理环境特征，选择"一带一路"海域内的12个海区和13个近海海域，并利用2003～2014年的Aqua/MODIS结合HY-1A/B卫星COCTS月平均海洋遥感产品，对海域生态环境进行遥感监测分析。海区包括日本海、中国东部海区、南海、爪哇—班达海、孟加拉湾、阿拉伯海、波斯湾、红海、地中海、黑海、北海和波罗的海（图4-2）。

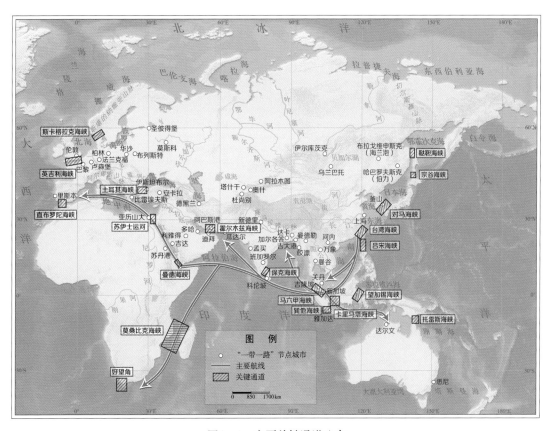

图4-1　主要关键通道分布

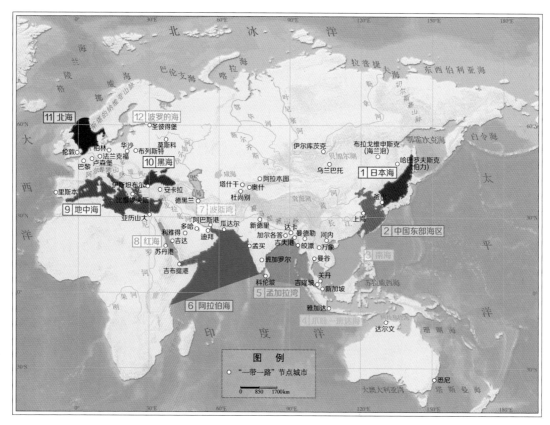

图4-2 "一带一路"海域12个生态环境遥感监测海区

4.1 海区基础环境要素状况

4.1.1 海表温度

"一带一路"途经海区的多年平均海表温度呈现随纬度递减的趋势（图4-3）。南海、爪哇—班达海、孟加拉湾、阿拉伯海、红海等热带海区，常年海表温度较高，年均25℃以上。中纬度的中国东部海区及地中海，年均海表温度约20℃。高纬度的北海及波罗的海，年均海表温度低于10℃（图4-4）。

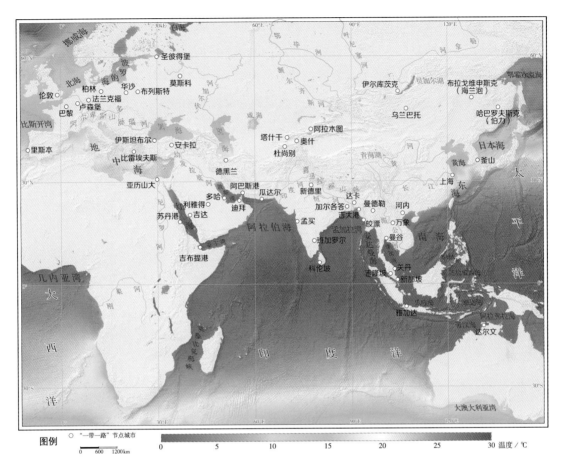

图4－3　2003～2014年平均海表温度分布

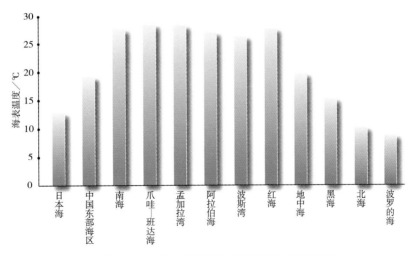

图4－4　2003～2014年12个海区平均海表温度

海表温度总体呈现夏季高、冬季低的季节变化趋势，但各海区海表温度的峰、谷出现时间存在差异（图4－5）。在中高纬度海区，海表温度8月达到最高，2月最低。在热带海区，最高海表温度出现月份有所差异，其中，南海为6月，孟加拉湾、爪哇—班达海为4月，阿拉伯海为5月。热带海区和极地海表温度的季节变化幅度较小，中高纬海区变化幅度相对较大，其中中国东部海区及日本海季节变幅达20℃。

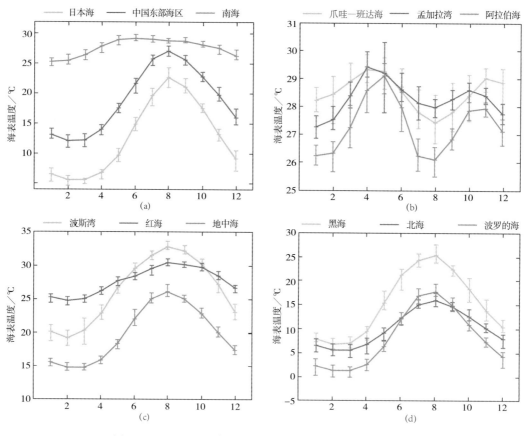

图4－5　2003～2014年各海区月平均海表温度随月份的变化

2003～2014年各海区海表温度均呈上升趋势，但升温速率差异较大（图4－6）。黑海上升速率最大，达0.19℃/a；波罗的海次之，达0.10℃/a；地中海、日本海的升温速率也相对较大；热带海区（南海、爪哇—班达海、孟加拉湾、阿拉伯海）的升温速率较小。

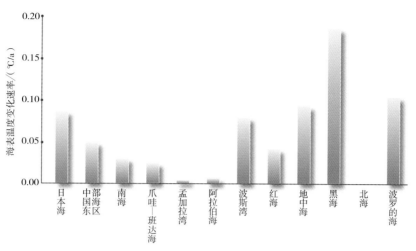

图4-6   2003～2014年各海区海表温度变化速率

4.1.2   光合有效辐射

与海表温度空间分布类似，"一带一路"途经海区的光合有效辐射总体上随纬度升高而递减（图4-7）。但受到云覆盖等影响，光合有效辐射会产生同一纬度、不同经度海域的空间差异，如中国东部海区的光合有效辐射显著低于同纬度的波斯湾、地中海（图4-8）。

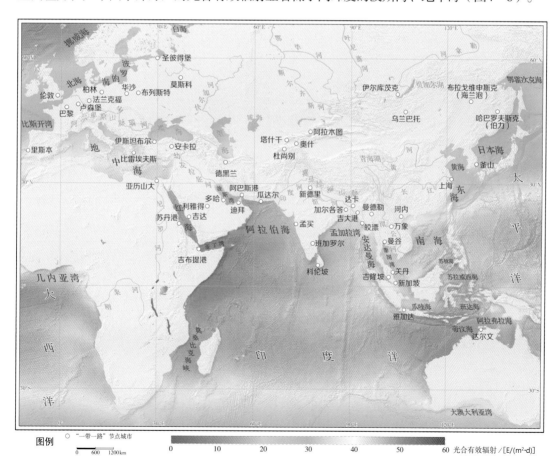

图4-7   2003～2014年平均光合有效辐射分布

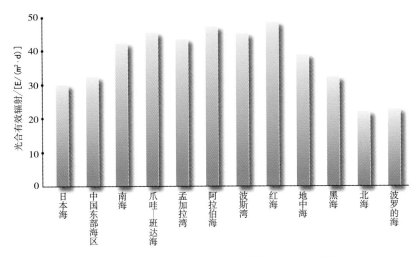

图4-8　2003~2014年各海区平均光合有效辐射

12个海区光合有效辐射存在显著的季节变化（图4-9）。中高纬海区光合有效辐射最大值出现在6月或7月，最低值出现在12月或1月。热带海区光合有效辐射通常有两个峰值，分别出现在3~4月和9~10月。从季节变化幅度来看，最大变幅位于欧洲海区，热带海区变幅较小。

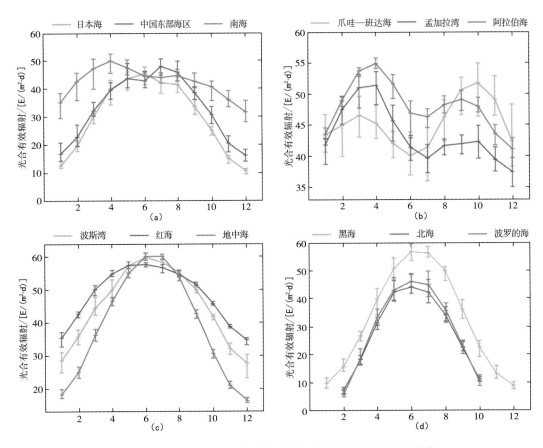

图4-9　2003~2014年各海区月平均光合有效辐射随月份的变化

2003～2014年大部分海区光合有效辐射呈下降趋势（图4-10）。南海下降速率最大，为-0.32%/a；孟加拉湾次之，为-0.27%/a；爪哇—班达海、阿拉伯海、中国东部海区的下降速率也相对较大，分别为-0.22%/a、-0.14%/a和-0.13%/a。

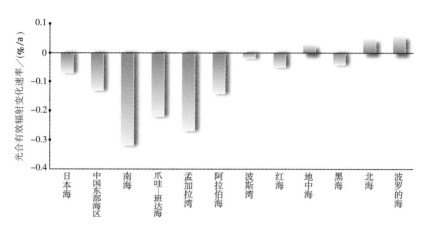

图4-10　2003～2014年各海区光合有效辐射变化速率

4.1.3　海水透明度

海水透明度反映水体的清洁度，低透明度对应水体较为浑浊。空间分布上，总体呈现沿岸透明度低、陆架次之、外海透明度最高的趋势（图4-11）。中国东部海区沿岸、波罗的海、北海沿岸、孟加拉湾北部沿岸、印度西部沿岸水体较浑浊，年均透明度小于5m（图4-12）。在12个海区中，地中海具有最高的年均海水透明度，可达35m；波罗的海年均透明度最低，约为3m。

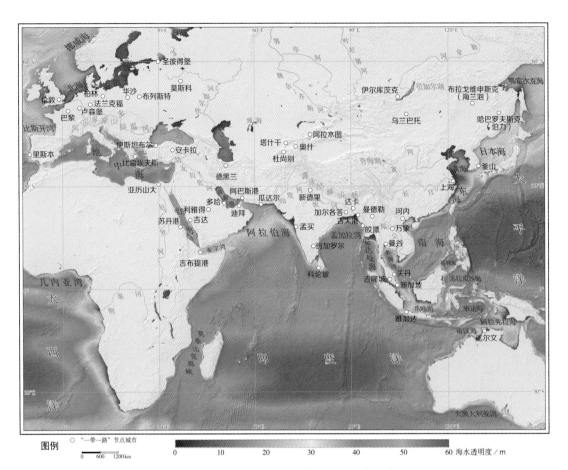

图4-11　2003~2014年平均海水透明度分布

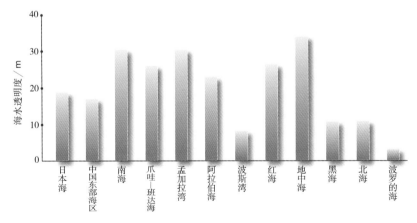

图4-12　2003~2014年各海区平均海水透明度

　　海水透明度存在显著的季节变化，总体呈现夏季最高、冬季最低，但各海区的峰、谷时间存在差异（图4-13）。在中高纬度海区（日本海、中国东部海区、地中海等），最高海水透明度出现在7月或8月，而热带海区（南海、爪哇—班达海、孟加拉湾、阿拉伯海）则出现在4月或5月。海水透明度最大季节变化幅度位于阿拉伯海，达30m以上；中国东部海区、波罗的海、北海沿岸、黑海等高浑浊区域，海水透明度常年较低，季节变化幅度小于5m。

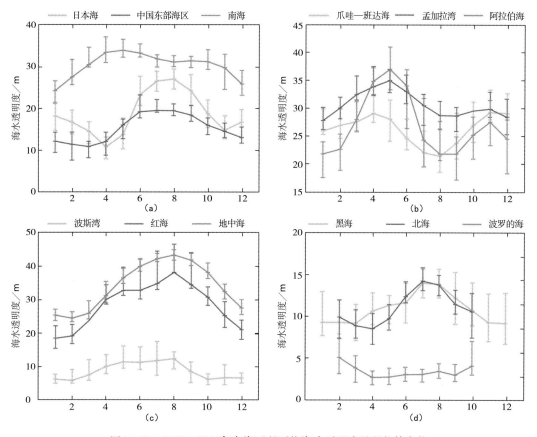

图4-13 2003~2014年各海区月平均海水透明度随月份的变化

2003~2014年12个海区透明度均呈增大趋势（图4-14）。波斯湾增大速率最快，达3.02%/a；阿拉伯海、爪哇—班达海次之，达1.3%/a；其余海区的增大速率小于1.0%/a，其中，南海增大速率最低，仅为0.18%/a。海水透明度增大可能与海水升温有关，因为升温可加强表层海水的层化，阻碍下层营养盐输送到表层，导致表层叶绿素浓度总体下降，从而使得透明度升高。值得注意的是，尽管黑海、波罗的海具有较高的升温速率，但透明度没有快速增大，可能与该海区透明度常年较低有关。

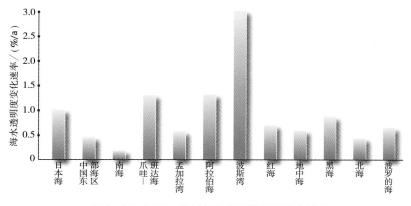

图4-14 2003~2014年各海区透明度变化速率

4.2 海区生态要素状况

4.2.1 浮游植物生物量

叶绿素浓度是表征浮游植物生物量的良好指示，高叶绿素浓度通常对应高浮游植物生物量水平。在空间分布上，叶绿素浓度与海水透明度刚好相反，呈现沿岸叶绿素浓度高、陆架次之、外海叶绿素浓度最低的空间分布（图4-15）。波罗的海具有最高的叶绿素浓度，黑海、北海、中国东部海区、波斯湾也具有相对较高的叶绿素浓度（图4-16）。南海、爪哇—班达海、孟加拉湾等热带海区的叶绿素浓度相对较低。地中海具有最低的叶绿素浓度。

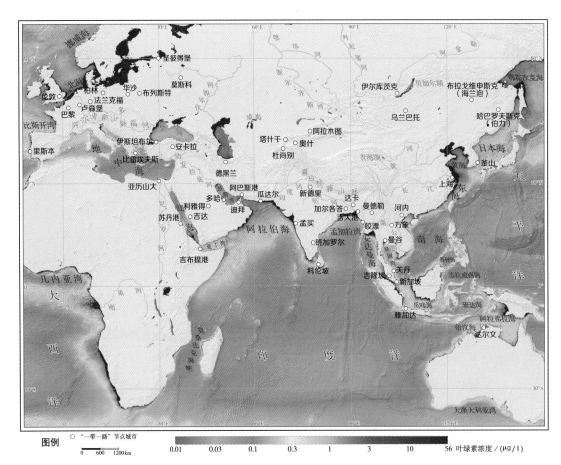

图4-15 2003~2014年平均叶绿素浓度分布

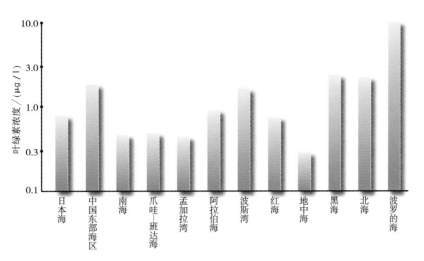

图4-16 2003~2014年各海区平均叶绿素浓度

12个海区叶绿素浓度的峰值时间存在差异（图4-17）。中高纬度海区如中国东部海区、日本海、波罗的海、北海在4月前后叶绿素浓度达到最高值。热带海区如南海、爪哇—班达海、孟加拉湾、波斯湾，通常在冬季出现叶绿素浓度最高值。从季节变化幅度来看，最大变幅位于波罗的海、阿拉伯海、中国东部海区和日本海（图4-18）。

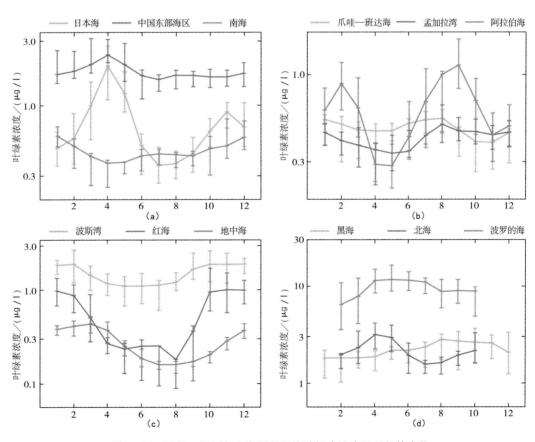

图4-17 2003~2014年各海区月平均叶绿素浓度随月份的变化

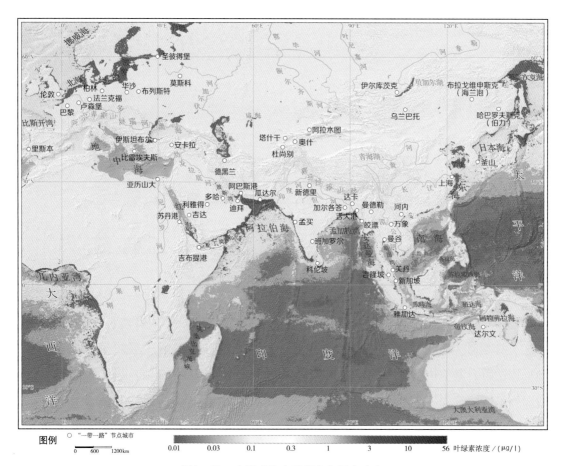

图4-18 叶绿素浓度季节变化幅度分布

2003～2014年12个海区叶绿素浓度的变化趋势既有上升也有下降（图4-19）。其中，热带海区以下降趋势为主，阿拉伯海的下降速率最大，达-2.23%/a；爪哇—班达海、红海、波斯湾也具有较大的下降速率。中高纬海区则以上升趋势为主，其中波罗的海上升速率最大，达1.92%/a；日本海、中国东部海区的上升速率达0.9%/a。

浮游植物生长主要受控于营养盐和光照。在热带海区，光照强，表层水温高，水体层化较强，阻碍了下层丰富营养盐输送到表层，导致表层营养盐缺乏，从而约束了浮游植物的生长。在全球变暖情势下，海水升温将会进一步加强水体层化，使得表层营养盐更为缺乏，进而导致热带海区叶绿素浓度的下降。

然而，在中高纬度海区，由于冬季降温导致强烈的垂直混合作用，表层营养盐充足。在春季水温升高、上混合层变浅使得浮游植物生长光照充足，会导致浮游植物藻华爆发，生物量快速增长。在全球变暖情势下，海水升温使得浮游植物快速生长的时间提前，浮游植物生长的时间段（春季至秋季）变长，从而导致叶绿素浓度和浮游植物生物量整体升高。

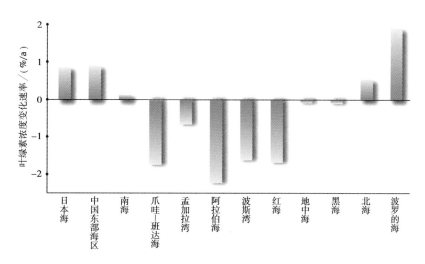

图4-19　2003~2014年各海区叶绿素浓度变化速率

4.2.2　浮游植物NPP

浮游植物NPP的空间分布与叶绿素浓度分布基本类似，高叶绿素浓度区域对应高生产力（图4-20）。从11个海区的比较来看（黑海缺遥感数据），波罗的海具有最高的NPP，年均达5000mgC/(m²·d)左右；北海、中国东部海区、波斯湾也具有相对较高的净初级生产力，年均在1500mgC/(m²·d)以上；南海、爪哇—班达海、孟加拉湾、地中海等海区的NPP水平较低，年均约为500mgC/(m²·d)左右（图4-21）。

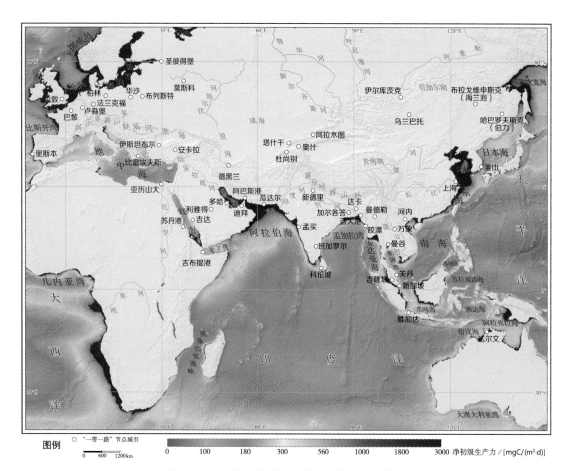

图4-20 2003~2014年平均净初级生产力分布

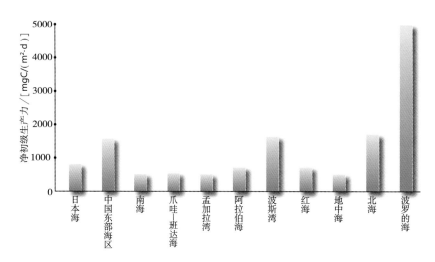

图4-21 2003~2014年11个海区平均净初级生产力

　　从季节变化来看，NPP总体呈现夏季高、冬季低，但11个海区峰值时间存在显著差异（图4-22）。在高纬度海区，如北海、波罗的海，7月前后出现峰值。中纬度海区，如中国东部海区、日本海、地中海，在4月前后出现峰值。热带海区，峰值时间比较复杂，如南海、波斯湾、红海在冬季出现峰值，而爪哇—班达海、孟加拉湾、阿拉伯海在冬季、夏季各出现峰值。NPP季节变化幅度最大位于波罗的海、阿拉伯海和中国东部海区。赤道附近海域NPP常年较低，变幅较小。

　　2003～2014年11个海区NPP的变化趋势既有上升，也有下降（图4-23）。中高纬海区除地中海外，波罗的海、北海、中国东部海区、日本海的NPP均呈上升趋势。热带海区除南海外，爪哇—班达海、阿拉伯海、波斯湾、红海的NPP均呈下降趋势。波罗的海的NPP上升速率最大，达1.58%/a，显著高于其他海区；中国东部海区、北海也具有较高的上升速率，分别为1.01%/a和0.62%/a。阿拉伯海的NPP下降速率最大，达-1.17%/a；爪哇—班达海、波斯湾、红海、地中海的下降速率也相对较大，在-0.7%/a以上。

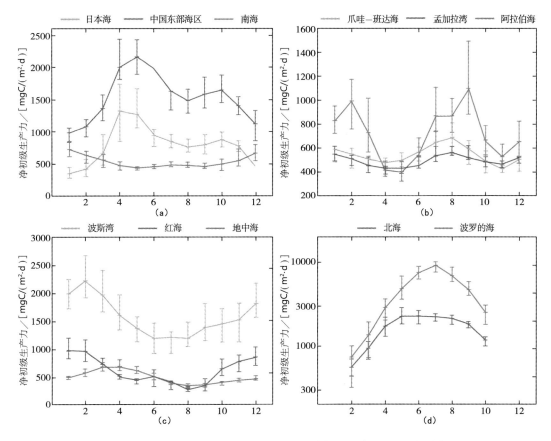

图4-22　2003～2014年11个海区月平均净初级生产力随月份的变化

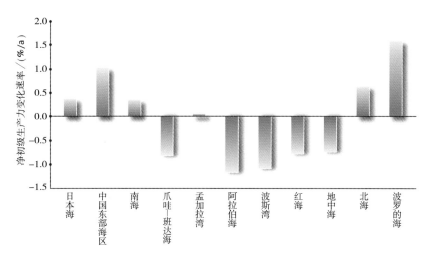

图4-23　2003~2014年11个海区净初级生产力变化速率

4.3　航线及关键通道近海海域生态环境状况

4.3.1　近海海域生态环境状况空间分异

在"21世纪海上丝绸之路"主要航线及关键航行通道中选取了13个典型近海海域进行遥感对比分析（图4-24）。

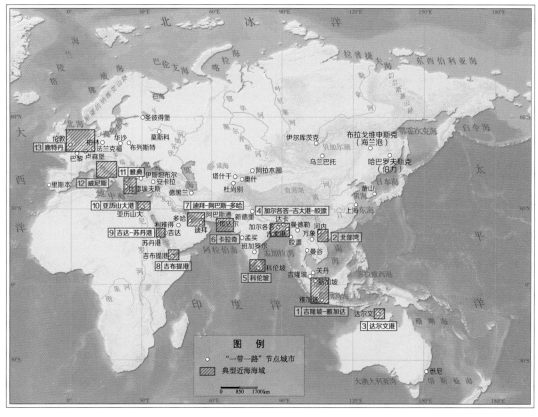

图4-24　典型近海海域位置示意图

除亚历山大港、雅典、威尼斯及鹿特丹等周边海域外，其他9个近海海域的年均海表温度均高于25℃（图4-25），尤其是吉隆坡—雅加达、达尔文港、科伦坡、吉达—苏丹港周边海域，年均海表温度高于28℃。高温导致水体层化加强，阻碍了下层丰富营养盐输送到表层，浮游植物生长受到营养盐的约束，导致这些海域的浮游植物生物量和NPP水平偏低。中高纬度海域的光照强度相对较低，特别是鹿特丹周边海域的年均光合有效辐射仅为24.13E/(m²·d)，秋、冬季的光照不足是约束该海域浮游植物生长的重要因子。

在所选择的13个近海海域中，鹿特丹周边海域的海水透明度最低，迪拜—阿巴斯—多哈所在的波斯湾海域次之，卡拉奇周边海域的海水透明度也较低。这些低透明度海域同时具有较高的叶绿素浓度和NPP水平（图4-26），近海水体的富营养化是主要的生态问题。

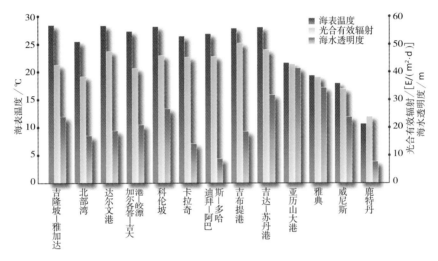

图4-25　2003～2014年典型近海海域平均海表温度、光合有效辐射和海水透明度分布

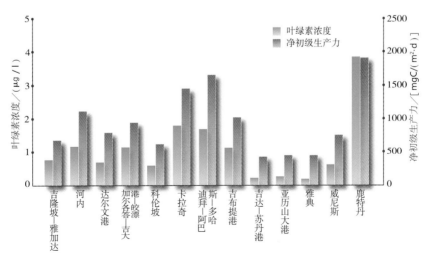

图4-26　2003～2014年典型近海海域平均叶绿素浓度和净初级生产力分布

4.3.2 近海海域生态环境状况变化特征

2003～2014年13个近海海域均呈现升温趋势，其中地中海沿岸的雅典、亚历山大港及威尼斯周边海域升温最快，升温速率分别达0.13℃/a、0.12℃/a和0.09℃/a（图4－27）。

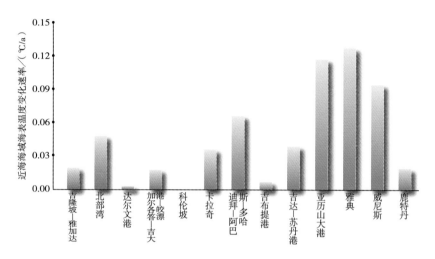

图4－27　2003～2014年典型近海海域海表温度变化速率

与海表温度相反，2003～2014年13个近海海域的光合有效辐射大部分呈降低趋势，其中北部湾的下降速率最快，达−0.40%/a；鹿特丹周边海域的下降速率次之，为−0.28%/a（图4－28）。

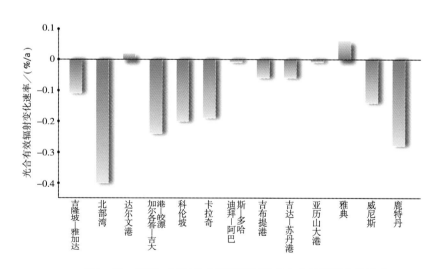

图4－28　2003～2014年典型近海海域光合有效辐射变化速率

2003～2014年除威尼斯周边海域透明度略有下降外，其余12个近海海域的海水透明度均呈增大趋势，其中阿拉伯海沿岸的迪拜—阿巴斯—多哈、卡拉奇和吉布提港周边海域的增大速率最大，分别达2.89%/a、2.75%/a和2.60%/a。达尔文港周边海域的透明度增大速率也相对较高，达1.47%/a（图4-29）。

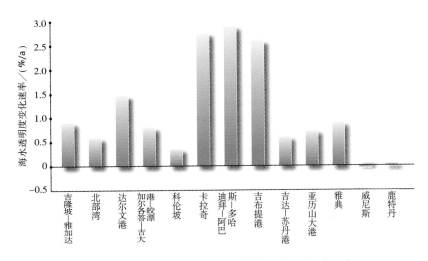

图4-29　2003～2014年典型近海海域透明度变化速率

2003～2014年13个近海海域中，威尼斯周边海域的叶绿素浓度上升速率最大，达3.19%/a；卡拉奇周边海域的下降速率最大，达-2.15%/a；迪拜—阿巴斯—多哈、雅典、达尔文港、吉达—苏丹港、吉隆坡—雅加达等周边海域的叶绿素浓度下降速率也相对较大（图4-30）。

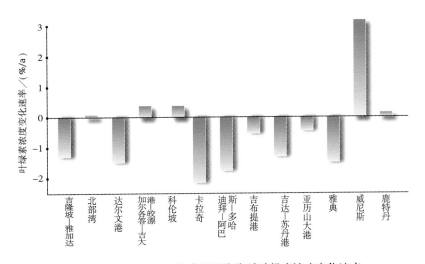

图4-30　2003～2014年典型近海海域叶绿素浓度变化速率

　　2003～2014年13个近海海域中，威尼斯周边海域NPP上升最快，达1.94%/a；鹿特丹、科伦坡和加尔各答—吉大港—皎漂等周边海域的NPP也略有上升，速率分别为0.48%/a、0.35%/a和0.19%/a。阿拉伯海附近的吉布提港、卡拉奇、迪拜—阿巴斯—多哈等周边海域的NPP快速下降，速率分别为-2.02%/a、-1.61%/a和-1.11%/a（图4-31）。

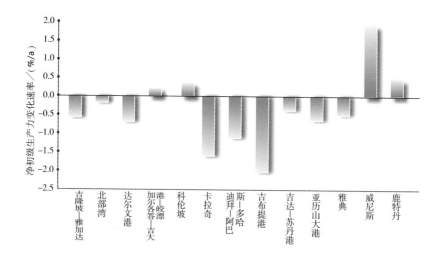

图4-31　2003～2014年典型近海海域净初级生产力变化速率

五、经济走廊建设主要生态环境约束性因素

　　"一带一路"陆域监测区域生态系统整体较为脆弱，高山分布较广、极端气候条件约束作用明显，自然灾害频发、保护区广布，环境较为敏感，经济走廊建设需要兼顾生态环境保护。

　　"一带一路"陆域监测区高原山地广布，主要有帕米尔高原、青藏高原及天山山脉、兴都库什山脉、昆仑山脉和喜马拉雅山脉等，其中海拔高于2000m或坡度大于15°的面积为430万km²，占全区总面积的8.89%，高海拔与大坡度[1]对区域农业发展、城市化及其基础设施建设有重要的约束作用。非洲东北部区、西亚区、中亚区、南亚区西部和中国西北部气候干燥、降水匮乏、蒸发强烈、荒漠广布、沙暴频发，生态环境条件相对恶劣。西伯利亚、蒙古高原和青藏高原等地年平均气温低于0℃，面积约为1600万km²，占监测区域的21.48%，寒冷气候区作物生长季短，约束了农业生产经营活动，对经济发展有一定限制作用（图5-1）。

　　环太平洋地震带和喜马拉雅地震带地震灾害风险较高；苏门答腊岛、爪哇岛和新几内亚岛火山爆发风险较高；中国西南地势崎岖、降水强度大，易造成泥石流灾害；孟加拉湾和德干高原南侧受季风性暴雨影响，易形成洪涝灾害；中国西北、中亚区、西亚区、非洲北部降水稀少，旱灾频发。2015年发生的主要自然灾害有尼泊尔的8.1级大地震、印度尼西亚的火山喷发和森林火灾、印度和英国等地的极端降水天气、阿富汗的暴雪和雪崩、印度和巴基斯坦等国家的极端高温天气，这些自然灾害造成了惨重的人员伤亡和财产损失，在"一带一路"倡议实施过程中要科学评估灾害风险，注重防灾减灾。

　　"一带一路"陆域监测区分布着众多世界级和国家级的保护区（图5-2），类型多样，主要包括国家公园、自然保护区、自然遗迹、资源保护区、生境/物种管制区和景观保护区。保护区的生态系统较为脆弱，经济走廊建设中要严格落实保护措施，做好自然保护工作。

---

　　[1] 在农业生产与城市化建设等规划中，坡度大于25°禁止发展种植业，陡坡开垦易致水土流失；坡度大于10°城市建设和基础设施建设难度大。本报告将海拔高于2000m的中高山地区或坡度大于15°的区域称为高海拔与大坡度区域。

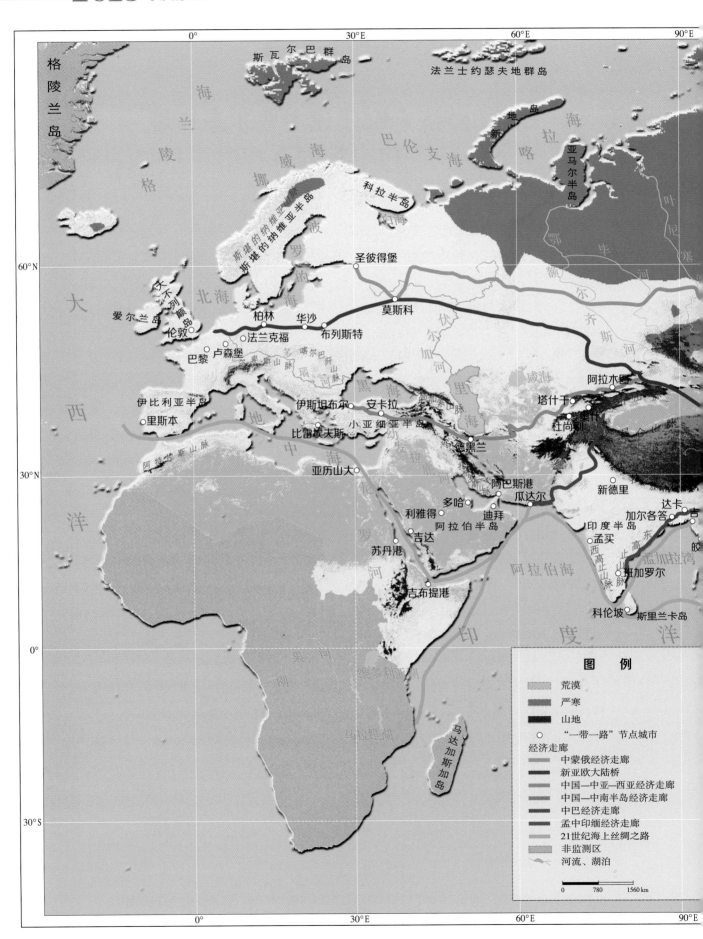

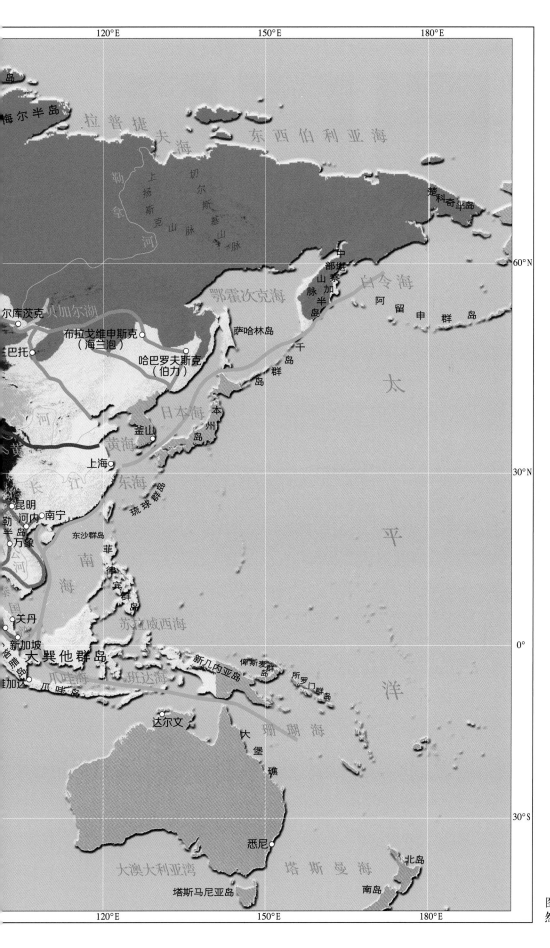

图5-1 主要自
然环境约束因素

63

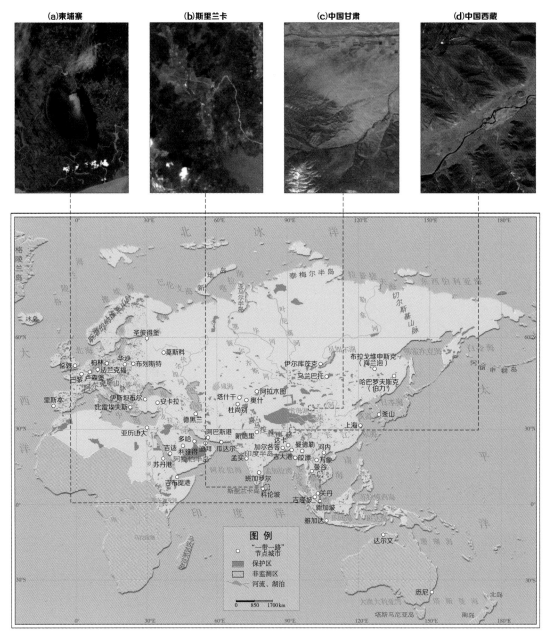

图5-2　"一带一路"陆域保护区分布示意图

5.1 廊道沿线生态环境约束因素的空间分异

针对"愿景与行动"规划的中蒙俄、新亚欧大陆桥、中国—中亚—西亚、中国—中南半岛、中巴、孟中印缅六大经济走廊的建设需求，结合上述区域性的生态环境特征和约束因素，以各走廊交通主干线（含规划中铁路）100km缓冲区为对象，具体厘定各经济走廊沿线的生态环境约束因素和保护需求。

纵观六大经济走廊，其生态环境约束因素主要包括严寒气候、复杂地形条件、荒漠分布和自然灾害，同时廊道沿线环境敏感、生态系统多样、保护区广布，自然保护需求较大，各个走廊不同地段的约束因素和保护需求程度不尽相同（表5-1）。严寒气候约束因素主要出现于中蒙俄经济走廊、新欧亚大陆桥黄土高原段、中巴经济走廊青藏高原段，以及中国—中亚—西亚经济走廊的中亚段；地形约束主要分布于中国境内的青藏高原边缘地区，以及蒙古高原和伊朗高原，对穿越这些区域的中蒙俄、中巴、孟中印缅、中国—中亚—西亚经济走廊约束作用较大；荒漠主要分布于中蒙俄经济走廊、中巴经济走廊及新亚欧大陆桥的中国段和中亚段；自然保护区在各经济走廊廊道缓冲区内均有布设，在走廊规划和建设过程中要注意保护和绕行。通过分析廊道各段内部的环境约束因子，可为经济走廊建设和环境保护提供决策依据，使生态环境保护和社会经济均衡发展。

表5-1　经济走廊沿线生态环境约束因素和自然保护需求

走廊	走廊分段	约束因素 起止城市（国家）	严寒	地形	荒漠	灾害	保护区
中蒙俄经济走廊	天津—乌兰乌德段	天津—北京—二连浩特—乌兰巴托—乌兰乌德	√	√	√		√
	符拉迪沃斯托克—绥芬河—赤塔段	符拉迪沃斯托克—绥芬河—哈尔滨—满洲里—赤塔	√				√
	符拉迪沃斯托克—布拉戈维申斯克—赤塔段	符拉迪沃斯托克—布拉戈维申斯克—赤塔	√				√
	赤塔—莫斯科段	赤塔—莫斯科	√				√
新亚欧大陆桥	中国东段	连云港—西安					√
	中国西段	西安—阿拉山口	√	√	√		√
	中亚段	阿拉山口—乌法			√	√	√
	俄罗斯段	乌法—布列斯特					√
	欧洲段	布列斯特—鹿特丹					√
中国—中亚—西亚经济走廊	中亚段	乌鲁木齐—马什哈德		√	√	√	√
	西亚东段	马什哈德—德黑兰		√			√
	西亚中段	德黑兰—锡瓦斯		√			√
	西亚西段	锡瓦斯—伊斯坦布尔					√

走廊	走廊分段	约束因素 起止城市（国家）	严寒	地形	荒漠	灾害	保护区
中国—中南半岛经济走廊	中越和中老段	昆明—万象和昆明—河内	√				√
	中南半岛平原中线	万象—曼谷					√
	中南半岛平原东线	南宁—曼谷				√	√
	马来半岛平原段	曼谷—新加坡				√	√
中巴经济走廊	青藏高原段	喀什—伊斯兰堡	√	√	√		√
	印度河平原段	伊斯兰堡—卡拉奇			√		√
	巴基斯坦南部沙漠段	卡拉奇—瓜达尔			√		√
孟中印缅经济走廊	中缅段	中国—缅甸段	√				√
	印孟段	印度—孟加拉国段					√

5.2 中蒙俄经济走廊

"中蒙俄经济走廊"作为中国"一带一路"、蒙古"草原之路"和俄罗斯"跨欧亚大通道"三大倡议战略对接和落实的载体，为三方充分利用各自优势和经济结构的互补性，打造跨区域经济合作范例，推进落实三国共同利益诉求和发展意愿提供了重要平台。"中蒙俄经济走廊"分为三条线路：一是从京津冀经二连浩特到蒙古和俄罗斯；二是从符拉迪沃斯托克、绥芬河、哈尔滨经满洲里到俄罗斯的赤塔，与欧亚大陆桥相接；三是从符拉迪沃斯托克到布拉戈维申斯克，沿欧亚大陆桥向西延伸（图5-3）。这三条线路联通了整个中蒙俄地区，其中莫斯科、赤塔、符拉迪沃斯托克等为重要的节点城市。综合上述三条线路，可将"中蒙俄经济走廊"划分为四段，即天津—乌兰乌德段、符拉迪沃斯托克—绥芬河—赤塔段、符拉迪沃斯托克—布拉戈维申斯克—赤塔段及赤塔—莫斯科段，各段走廊建设的生态环境约束因素不尽相同，但整体来看"中蒙俄经济走廊"受严寒气候约束作用最大。

天津—乌兰乌德段是由天津经北京到二连浩特，再经蒙古的乌兰巴托到俄罗斯的乌兰乌德，该区段中国境内地形较为平坦，无明显环境约束因素，但蒙古境内海拔较高，地形起伏较大，海拔高于2000m或坡度大于15°的走廊长度将近200km，分布有长约400km的荒漠，200km长的严寒区域，高海拔与大坡度和漫长冬季严寒及脆弱的环境是该区段基础设施建设的重要约束因素。符拉迪沃斯托克—绥芬河—赤塔段从符拉迪沃斯托克经绥芬河到哈尔滨，再经满洲里到赤塔，约有3/4区段在中国境内，地形平坦，无地形约束因素，仅在北段有长约100km的严寒区域。符拉迪沃斯托克—布拉戈维申斯克—赤塔段均在俄罗斯境内，布拉戈维申斯克以北将近1000km长的区段较为寒冷，除此以外无明显环境约束因素，在建设过程中要积极采取抵抗严寒的措施。赤塔—莫斯科段是从赤塔沿第一亚欧大陆桥经莫斯科到圣彼得堡，气温从西向东明显分阶段逐渐降低。廊道在赤塔至克拉斯诺亚尔斯克之间分布有长约1000km的严寒区域，伊尔库茨克与克拉斯诺亚尔斯克之间分布有长约450km的山地区域。另外，四段走廊缓冲区内自然保护区广布，涵盖4个国家级自然保护区（陆地和海洋景观保护区）、7个国际重要湿地区和贝加尔湖世界遗产自然保护区，大部分自然保护区和国际重要湿地保护区分布在廊道东部地区。被保护的动物和植物分别超过300种和80种，其中25个物种被列入《濒危物种红皮书》。

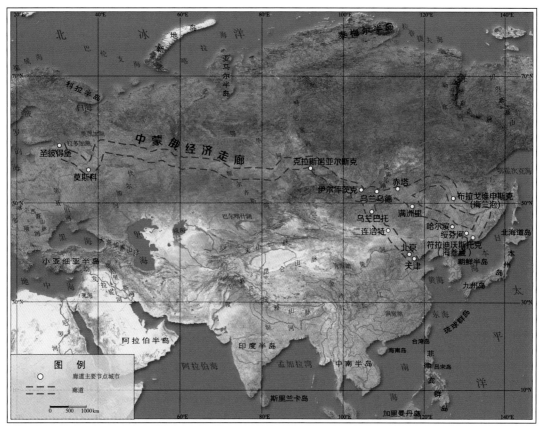

图5-3　中蒙俄经济走廊示意图

5.3　新亚欧大陆桥

　　"新亚欧大陆桥"又名"第二亚欧大陆桥"，从连云港出发，经西安在新疆阿拉山口出境，穿越哈萨克斯坦阿斯塔纳、俄罗斯、白俄罗斯、波兰和德国，到达荷兰鹿特丹，全长超过10000km，辐射30多个国家，是连接亚欧大陆的又一条国际化铁路交通干线（图5-4）。新欧亚大陆桥沿线纬度较低，全线避开了高寒地区，可常年畅通。

　　新亚欧大陆桥中亚段全长约1800km，地处哈萨克丘陵向图兰平原的过渡带，地形平坦，土地覆盖以草原和农田为主。荒漠零星分布、降水稀少、水资源短缺、生态系统脆弱，是区域建设的重要约束因素。走廊沿线多处分布自然资源保护区，建设活动应尊重自然规律，追求人地和谐，确保生态环境系统的平衡和稳定。

新亚欧大陆桥俄罗斯段全长约2000km，穿过乌法、喀山、下诺夫哥罗德、莫斯科等节点城市，穿越平坦的西西伯利亚平原和东欧平原，整体上没有山地的约束，荒漠较少，而且避开了严寒地区，温度与水分条件均对生产生活构不成约束。但沿线有少量湿地保护区分布，在建设过程中要注意保护。

新亚欧大陆桥欧洲段全长约1900km，从白俄罗斯西南部铁路枢纽城市布列斯特开始，沿白俄罗斯首都明斯克、波兰首都华沙、德国首都柏林，到达欧洲最大的港口城市鹿特丹，途经东欧平原、中欧平原、西欧平原，气候从温带大陆性气候过渡为温带海洋性气候，温度湿度适宜。全线地势低平，坡度极小，除德国西南山地地势稍高，沿线其他地区的坡度基本不超过1°，地形条件不会对基础设施等建设造成影响。但由于欧洲生态环境质量标准高，走廊沿线自然保护区数量和种类繁多，陆地和海洋景观保护区数量最多。保护区空间分布格局总体上西多东少，走廊西段的德国、荷兰自然保护区占地比例最高，因此在推进"一带一路"建设中需更加注重协调好建设与保护区之间的关系。

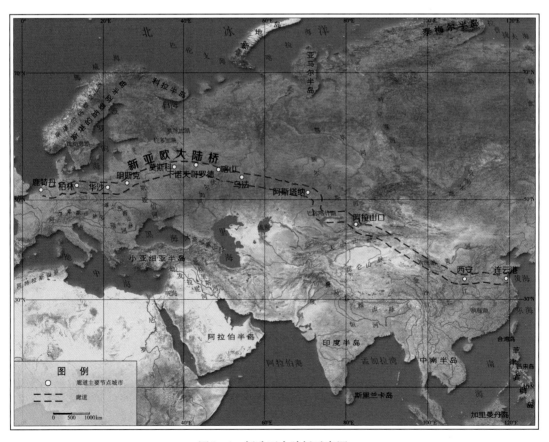

图5-4 新欧亚大陆桥示意图

5.4 中国—中亚—西亚经济走廊

"中国—中亚—西亚经济走廊"自中国新疆乌鲁木齐出发纵贯中亚的哈萨克斯坦、吉尔吉斯斯坦、乌兹别克斯坦和土库曼斯坦,穿过伊朗直达土耳其伊斯坦布尔,可分为中国—中亚和西亚两段(图5-5),该经济走廊主要受荒漠和山地、高原等地形约束。

中国—中亚段全长约3200km,以中国西部乌鲁木齐为起点,经霍尔果斯口岸连通哈萨克斯坦最大的经济城市阿拉木图,途经比什凯克、撒马尔罕、阿什哈巴德等中亚重要城市,最后抵达伊朗。中国—中亚段经济走廊年平均温度由东南段向西北段逐步降低,沿途经过的土库曼斯坦、乌兹别克斯坦、哈萨克斯坦境内沙漠和戈壁区段温度较高,吉尔吉斯斯坦境内天山段温度较低,年平均温度在0℃以下。中国—中亚段经济走廊沿途穿越荒漠区约2240km,荒漠面积占走廊缓冲区总面积的10.2%,特别是土库曼斯坦境内沙漠区分布广阔,自然条件十分恶劣。新疆至吉尔吉斯斯坦约有360km的地段需要翻越天山山脉,地形复杂、海拔较高、坡度较大,坡度多处在10°以上,部分区域达到了40°。因此,中国—中亚段经济走廊荒漠多、坡度大、严寒与干旱气候等约束因素突出。所经区域环境脆弱、保护区类型较多,其中乌兹别克斯坦的卡特卡尔自然保护区是"中国—中亚—西亚经济走廊"缓冲区内最大的保护区。

西亚段即新亚欧大陆桥南线,穿越伊朗高原和小亚细亚半岛,全长约2980km。东段从伊朗的马什哈德到德黑兰,长约820km,其中穿越卡维尔荒漠的区段长约460km,平均海拔1000m左右,气候极度干旱,荒漠分布面积大,干热季可持续7个月,年平均降水量30~250mm,极度干旱气候和荒漠分布区广是东段的主要约束因素。中段从伊朗的德黑兰到土耳其的锡瓦斯,长约1400km,该段山地分布较广,地势高峻,东部为伊朗高原,西部为亚美尼亚火山高原和小亚细亚半岛的安纳托利亚高原,海拔一般为900~1500m,廊道大部分区域的坡度为10°~15°,部分区域坡度大于20°。中段水热条件较好,气候适宜农业和牧业,是农业和牧业复合区;部分地段由于海拔高、坡度大,建设难度大、维护成本较高。西段从土耳其的锡瓦斯到伊斯坦布尔,长约760km,地势平缓,土地肥沃。受黑海和地中海的影响,冬雨夏干的地中海式气候广布,夏季长,气温高,降水少,伊朗段年平均气温较高,为20~30℃,土耳其段年平均气温略低,为18~20℃;冬季寒冷,寒流带来了降雪和冷雨,寒冻灾害多发。该区段是土耳其主要的农业区,除了自然灾害无其他明显的约束因素。西亚经济走廊缓冲区生态环境脆弱,廊道内土地退化区域主要分布在伊朗的里海沿岸,土地退化面积约为14547km²,占西亚经济走廊缓冲区面积的2.48%。西亚经济走廊缓冲区内保护区有42个,面积为2631.95km²,其中伊朗段保护区分布较多。

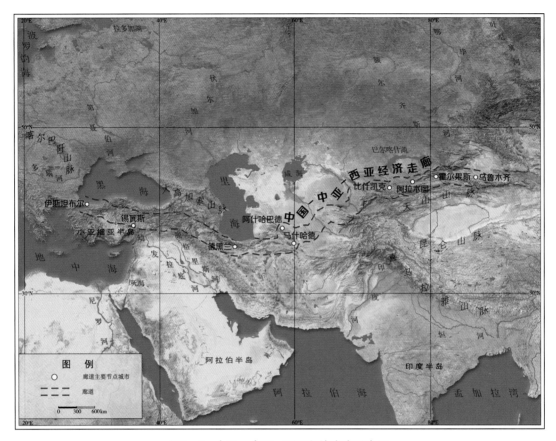

图5-5 中国—中亚—西亚经济走廊示意图

5.5 中国—中南半岛经济走廊

"中国—中南半岛经济走廊"依托泛亚铁路，自中国云南昆明和广西南宁出发，纵贯越南、老挝、柬埔寨、泰国，穿越马来半岛直抵新加坡，联通整个中南半岛，其中万象、河内、金边、曼谷、吉隆坡和新加坡等为重要的节点城市（图5-6）。该走廊跨越中国云贵高原、中南半岛三角洲平原和马来半岛，各段走廊建设的约束因素不尽相同，但整体来看自然灾害威胁和自然保护需求较大。

中老—中越段从昆明出发分别抵达越南河内和老挝万象，该区段中国云南境内海拔较高，地形起伏较大，海拔高于2000m或坡度大于15°的走廊长度将近700km，海拔最高达3000m以上，坡度达20°～30°，地形复杂。泰国段和柬埔寨段地处中南半岛平原三角洲，马来半岛段平原狭小，多分布于沿海地区，这三段走廊平均海拔约为100m左右，地势平坦，水热充足，土地覆盖以农田和森林为主，无明显约束因素。

中南半岛是全球自然灾害频发的区域之一，林火、洪涝、台风、泥石流等自然灾害多有发生，对"一带一路"建设构成潜在的威胁，在经济走廊建设过程中要注意防范自然灾害。另外，缓冲区内自然保护区广布，主要有生境/物种管制区、国家公园、自然保护区、资源保护区和自然遗迹等，涵盖保护区共259个，主要集中分布在廊道南段。廊道内国家公园主要分布于走廊中线南部的泰国段和缅甸段；生境物种管制区主要分布在走廊中线和东线，以老挝、越南、泰国、马来西亚和柬埔寨境内为主；自然遗迹、资源保护区及其他类型的保护区分布较少。

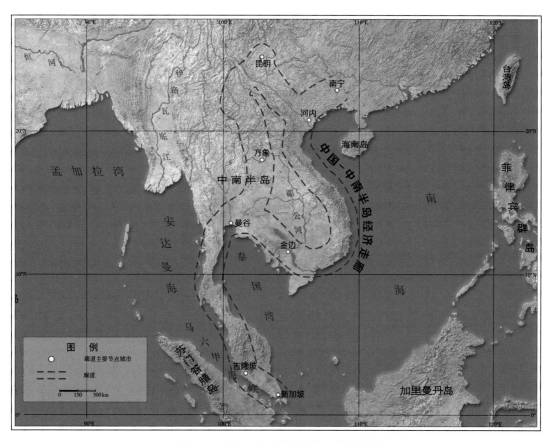

图5-6 中国—中南半岛经济走廊示意图

5.6 中巴经济走廊

"中巴经济走廊"起点在中国喀什，终点在巴基斯坦的瓜达尔港，全长约3000km，穿越青藏高原西部、印度河平原和巴基斯坦南部沙漠，是包括公路、铁路、油气和光缆通道在内的经济走廊和连接中巴的交通要道（图5-7）。崎岖险峻的地形条件和荒漠是中巴经济走廊的主要约束因素。

青藏高原段自中国喀什到巴基斯坦首都伊斯兰堡，跨越喀喇昆仑山脉与帕米尔高原，全长约940km，约束因素主要为高海拔、坡度大和严寒。该段走廊海拔普遍高于4000m，地形起伏较大，气温低，终年积雪且氧气稀薄，高海拔区土地覆盖以冰雪为主，建设难度大、维护成本高。

印度河平原段自伊斯兰堡至卡拉奇，全长1640km。该段走廊地势低平、水热充足、土地覆盖以农田为主，无明显的气候和生态环境约束因素，农田区有少量土地退化。

巴基斯坦南部段连通了卡拉奇和瓜达尔港，全长490km。该段常年高温少雨，干旱严重，土地覆盖以荒漠为主，自然条件相对恶劣，生态系统脆弱，建设过程中应重视生态系统的保护。

巴基斯坦段沿线分布大量国家公园和野生动物保护区，是该走廊维护生物多样性重点区段，如拉甫国家公园、科里斯坦野生动物保护区和塔尔野生动物保护区等。

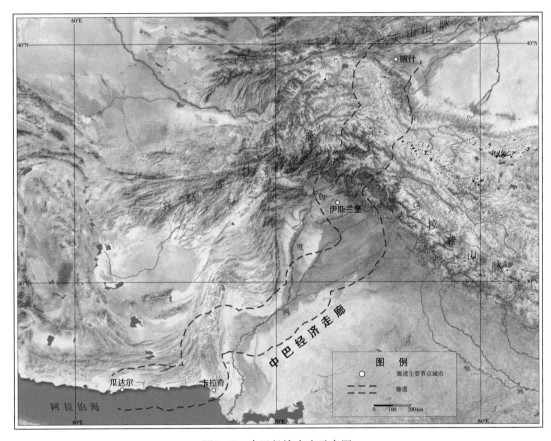

图5-7 中巴经济走廊示意图

5.7 孟中印缅经济走廊

"孟中印缅经济走廊"自中国云南昆明经缅甸、孟加拉国、印度连通印度洋，全长近4000km，跨越了大陆性热带季风气候、热带季风气候，水热充足，自然条件良好（图5-8），其中曼德勒、仰光、达卡、马德拉斯等是重要节点城市。

中缅段全长约1500km，穿越云贵高原和缅甸北部的山地，抵达缅甸中央平原。土地覆盖以农田和森林为主，沿线为热带季风气候，光照、降水充分。局部地段主要约束因素为坡度大等复杂地貌条件。另外，该段还应重视保护热带珍稀动植物资源。

印孟段从缅甸向西进入印度曼尼普尔邦，穿过孟加拉国后再次进入印度，全长约2500km。北段属喜马拉雅山南部丘陵，海拔相对较高、地形起伏较大、终年高温多雨，总体上适合植被生长，有大量热带林分布。其他区段廊道内地势低平，土地覆盖类型以农田为主，但是由于孟加拉湾段降水多，易出现洪涝灾害。廊道沿线有大量国家公园、物种/生境保护区和资源可持续利用保护区，如西姆里帕尔物种保护区、吉尔卡动植物保护区、松达班森林保护区等，进行廊道基础设施建设过程中尽量减少对保护区的影响。

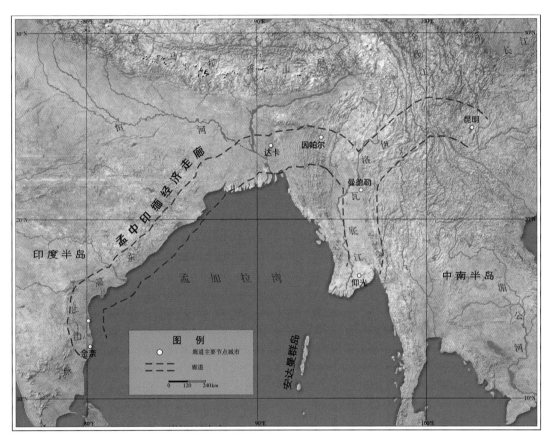

图5－8　孟中印缅经济走廊示意图

六、重要内陆节点城市生态环境状况

在"一带一路"建设中，重要内陆节点城市起着重要的桥梁和枢纽作用，其区位和资源优势有利于加强各个地区之间的沟通和交流，实现互利共赢，带动区域发展。随着"一带一路"基础设施的规划和建设，这些城市也将迎来前所未有的发展机遇。根据城市在"一带一路"建设过程中发挥的作用，以及与中国合作的密切程度，本章从"一带一路"监测区域选取了交通枢纽、经济贸易中心或首都等26个内陆节点城市（图6－1、表6－1），分别在经济走廊与区域尺度上综合评价这些城市的建成区内部结构与周边生态环境状况，分析城市发展现状与潜力。

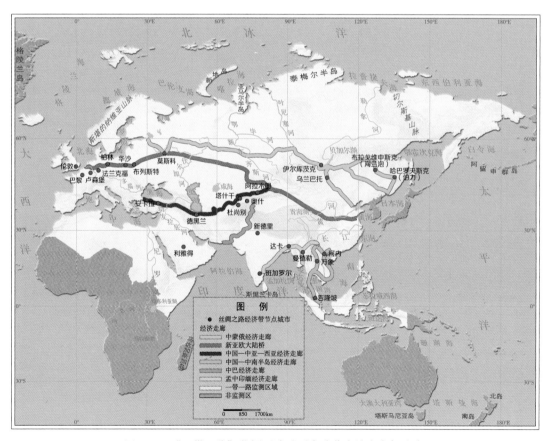

图6－1　"一带一路"监测区域重要内陆节点城市空间分布

表6-1　"一带一路"监测区域重要内陆节点城市

监测区域	内陆节点城市
蒙俄区	莫斯科、布拉戈维申斯克、哈巴罗夫斯克、伊尔库茨克、乌兰巴托
东南亚区	曼德勒、河内、万象、吉隆坡
南亚区	新德里、达卡、班加罗尔
中亚区	阿拉木图、杜尚别、塔什干、奥什
西亚区	安卡拉、德黑兰、利雅得
欧洲区	巴黎、伦敦、华沙、卢森堡、柏林、法兰克福、布列斯特

26个内陆节点城市中有17个城市分布在"一带一路"的重要廊道上，其中，俄罗斯莫斯科、伊尔库茨克、布拉戈维申斯克、哈巴罗夫斯克和蒙古乌兰巴托位于在中蒙俄经济走廊；德国柏林、波兰华沙和白俄罗斯布列斯特位于新亚欧大陆桥；土耳其安卡拉、伊朗德黑兰、乌兹别克斯坦塔什干、哈萨克斯坦阿拉木图位于中国—中亚—西亚经济走廊；越南河内、老挝万象和马来西亚吉隆坡位于中国—中南半岛经济走廊；孟加拉国达卡、缅甸曼德勒位于孟中印缅经济走廊。

6.1　城市建成区生态环境特征及其差异

城市建成区内不透水层、绿地、裸地和水体的遥感监测结果显示，"一带一路"监测区域26个内陆节点城市建成区内部不透水层的面积平均占比61.09%，绿地面积占比28.57%。

中国—中南半岛经济走廊的城市建成区不透水层面积比例最高，平均占比在80%以上；中国—中亚—西亚经济走廊和孟中印缅经济走廊城市不透水层面积占比也均大于70%；而中蒙俄经济走廊和新亚欧大陆桥的城市不透水层比例较低，均在50%以下。

新亚欧大陆桥欧洲段的城市建成区绿地面积比例最高，在50%以上，城市生态环境状况较好；中蒙俄经济走廊次之，接近40%；其他经济走廊上的城市建成区绿地面积比例则均在20%以下。其中，中国—中亚—西亚经济走廊的城市绿地面积占比相对较低，城市内部生态环境状况较差，城市发展缺少生态和谐与可持续性。

中蒙俄经济走廊上，莫斯科的绿地面积比例最高，占51.44%，而哈巴罗夫斯克的不透水层面积比例最高，占51.49%（图6-2）。新亚欧大陆桥欧洲段上，华沙不透水层面积比例最高，达到了53.30%；柏林绿地面积比例最高，达到了58.46%（图6-3）。对于中国—中亚—西亚经济走廊，塔什干和德黑兰的不透水层比例均在80%以上，而只有阿拉木图的绿地比例超过了10%（图6-4）。中国—中南半岛经济走廊上，河内城市不透水层面积比例最高，达到了87.64%，而吉隆坡绿地面积比例最高，为22.83%（图6-5）。孟中印缅经济走廊上城市不透水层面积比例一般在75%左右，绿地面积比例平均在15%左右（图6-6）。

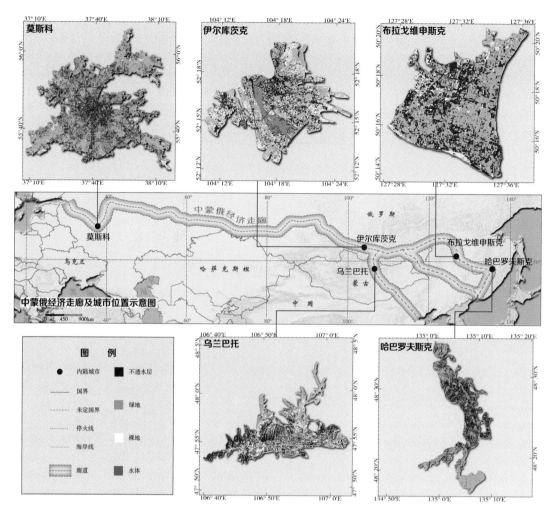

图6-2 中蒙俄经济走廊主要城市建成区土地覆盖

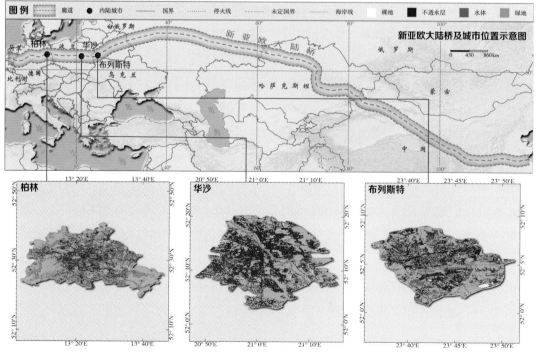

图6-3 新亚欧大陆桥主要城市建成区土地覆盖

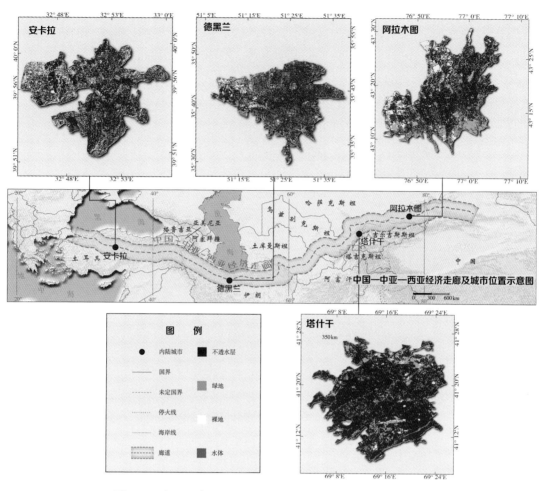

图6-4　中国—中亚—西亚经济走廊主要城市建成区土地覆盖

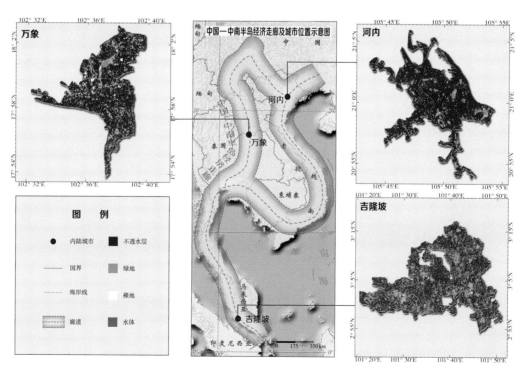

图6-5　中国—中南半岛经济走廊主要城市建成区土地覆盖

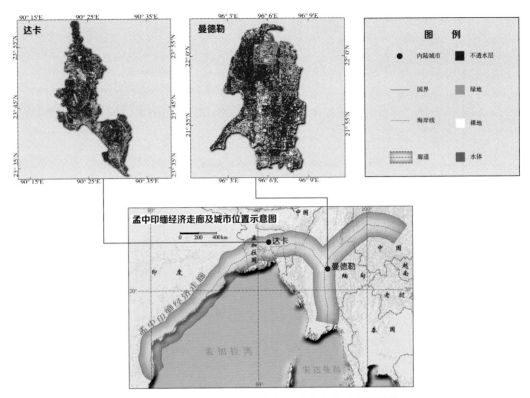

图6－6　孟中印缅经济走廊主要城市建成区土地覆盖

从各区域看（图6－7、表6－2），考虑到城市的可持续发展与生态环境问题，欧洲区的城市内部生态环境状况最优越，蒙俄区、中亚区的城市生态环境状况较为良好，而西亚区、东南亚区、南亚区的城市生态环境状况不理想，城市发展面临着较大的城市生态环境压力。高不透水层比例的城市结构容易造成热岛效应等多种城市问题，这将对城市的可持续发展带来不利影响。相比之下，欧洲区在城市发展过程中，绿地作为城市建成区一个重要组成部分，发挥着不可或缺的生态保障功能，这对其他发展中城市具有一定的借鉴意义。

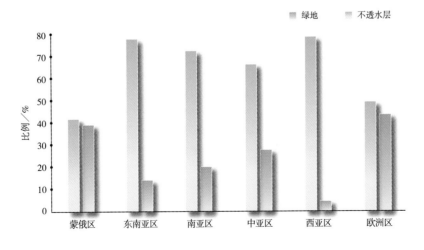

图6－7　各区内陆节点城市不透水层和绿地占建成区面积比例

表6-2 "一带一路"监测区域主要内陆节点城市建成区内部生态环境状况

监测区域	城市	城市建城区面积 / km²	不透水层比例 / %	绿地比例 / %
蒙俄区	莫斯科	1561.67	39.27	51.44
	布拉戈维申斯克	44.53	39.46	48.52
	哈巴罗夫斯克	131.62	51.49	45.19
	伊尔库茨克	80.85	31.90	31.87
	乌兰巴托	145.24	47.67	20.79
	平均值	392.78	41.96	39.56
东南亚区	曼德勒	106.76	71.12	11.43
	河内	100.04	87.64	8.92
	万象	51.14	81.22	12.22
	吉隆坡	907.22	72.29	22.83
	平均值	291.29	78.07	13.85
南亚区	新德里	1485.00	73.08	13.54
	达卡	135.40	76.41	20.37
	班加罗尔	367.50	68.21	25.38
	平均值	662.63	72.57	19.76
中亚区	阿拉木图	376.76	71.48	13.51
	杜尚别	238.38	48.00	51.23
	塔什干	461.39	87.01	9.73
	奥什	64.99	59.84	36.12
	平均值	285.38	66.58	27.65
西亚区	利雅得	744.10	76.84	4.20
	安卡拉	244.27	78.16	5.55
	德黑兰	634.38	81.72	3.99
	平均值	540.91	78.91	4.58
欧洲区	巴黎	714.98	57.30	38.95
	伦敦	1607.28	52.14	29.63
	华沙	486.24	53.30	43.54
	卢森堡	234.57	55.44	39.38
	柏林	884.14	37.14	58.46
	法兰克福	248.41	44.51	45.10
	布列斯特	131.88	45.59	50.84
	平均值	615.36	49.35	43.70

6.2 城市周边生态环境状况及其差异

从"一带一路"监测区域主要内陆节点城市周边10km缓冲区内的土地覆盖类型分布看，东南亚区、南亚区、中亚区与欧洲区城市周边主要为农田，蒙俄区城市周边主要为森林和草地，而西亚区城市周边土地覆盖类型组成差异较大（表6-3）。

各经济走廊城市周边土地覆盖类型组成亦呈现出明显差异，中蒙俄经济走廊上的城市周边多以森林和草地为主，其中乌兰巴托周边的草地面积占比可达72.93%，莫斯科周边的森林面积占比可达37.60%（图6-8）。新亚欧大陆桥城市周边以农田为主，其次是森林，其中布列斯特周边农田面积比例最高，为66.87%，柏林周边森林面积占比最高，

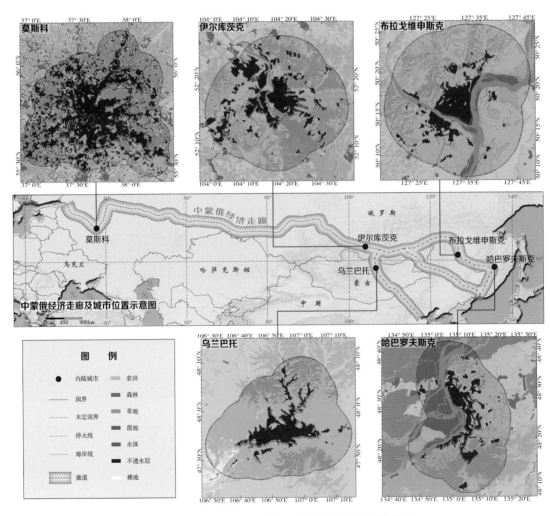

图6-8 中蒙俄经济走廊主要城市周边土地覆盖类型

为33.65%（图6-9）。中国—中亚—西亚经济走廊上的城市周边以农田为主，其中塔什干周边的农田面积占比可达75.78%，其他城市的周边地区也有较多林草分布，如德黑兰周边草地面积占45.06%（图6-10）。中国—中南半岛经济走廊上的城市周边以农田为主，如河内周边农田面积比例可达76.19%；其次是森林，如吉隆坡周边的森林面积占比可达62.76%（图6-11）。孟中印缅经济走廊上的城市周边同样是以农田为主，其次是水体，其中达卡周边农田面积占比为81.00%，曼德勒周边水体面积占11.72%（图6-12）。总之，除中蒙俄经济走廊上的城市周边以林草为主以外，其他经济走廊上的城市周边多为农田。

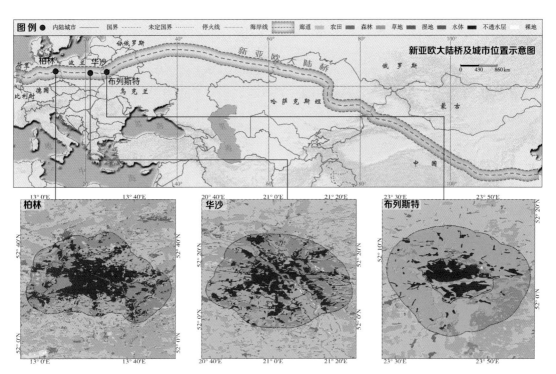

图6-9 新亚欧大陆桥主要城市周边土地覆盖类型

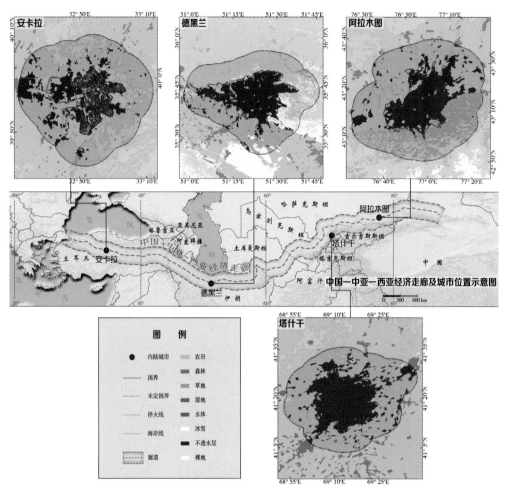

图6-10 中国—中亚—西亚经济走廊主要城市周边土地覆盖类型

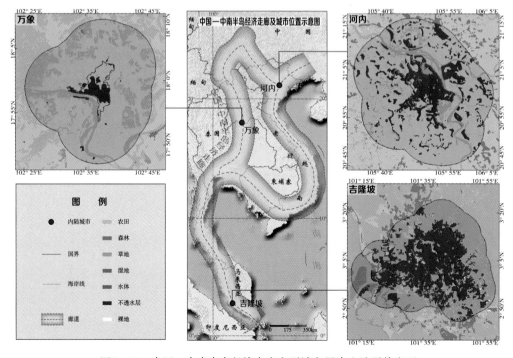

图6-11 中国—中南半岛经济走廊主要城市周边土地覆盖类型

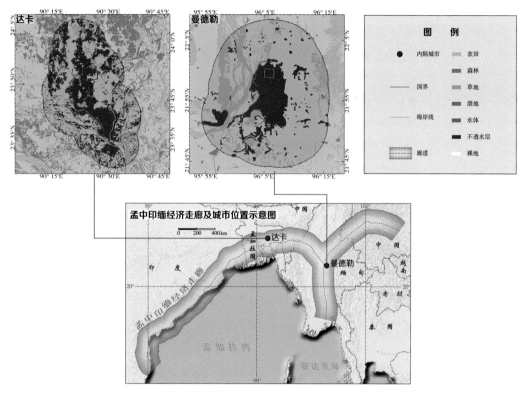

图6-12　孟中印缅经济走廊主要城市周边土地覆盖类型

表6-3　"一带一路"监测区域主要内陆节点城市周边土地覆被类型面积统计

监测区域	城市	缓冲区面积/km²	第一大类别/所占比例/%	第二大类别/所占比例/%	第三大类别/所占比例/%
蒙俄区	莫斯科	3399.80	森林/37.60	农田/29.29	不透水层/23.02
	布拉戈维申斯克	643.25	草地/37.10	农田/24.94	森林/20.48
	哈巴罗夫斯克	1274.39	农田/26.21	森林/23.44	湿地/19.67
	伊尔库茨克	779.10	森林/34.16	草地/32.63	农田/13.12
	乌兰巴托	1169.02	草地/72.93	森林/19.56	裸地/3.93
东南亚区	曼德勒	845.45	农田/68.68	水体/11.72	森林/9.65
	河内	980.86	农田/76.19	不透水层/13.83	水体/8.21
	万象	766.93	农田/74.82	森林/20.20	水体/3.50
	吉隆坡	1941.70	森林/62.76	不透水层/16.63	农田/8.55
南亚区	新德里	4004.35	农田/81.13	不透水层/13.97	草地/3.93
	达卡	1846.60	农田/81.00	不透水层/11.00	水体/4.89
	班加罗尔	1621.00	农田/62.37	不透水层/29.12	森林/3.95

续表

监测区域	城市	缓冲区面积/km²	第一大类别/所占比例/%	第二大类别/所占比例/%	第三大类别/所占比例/%
中亚区	阿拉木图	1369.74	农田/51.83	森林/23.58	草地/14.32
	杜尚别	974.53	农田/67.71	草地/15.29	不透水层/10.35
	塔什干	1371.39	农田/75.78	不透水层/22.36	草地/1.39
	奥什	705.49	农田/60.58	草地/27.86	不透水层/9.57
西亚区	利雅得	1696.93	裸地/76.86	不透水层/18.29	农田/1.91
	安卡拉	1042.44	农田/54.22	草地/27.75	不透水层/12.93
	德黑兰	1617.16	草地/45.06	农田/33.38	裸地/13.5
欧洲区	巴黎	1125.55	不透水层/51.21	农田/24.05	森林/22.23
	伦敦	2111.69	农田/57.34	不透水层/25.69	森林/12.87
	华沙	1301.02	农田/45.53	森林/31.70	不透水层/20.56
	卢森堡	976.37	农田/63.33	森林/24.46	不透水层/9.17
	柏林	1828.93	农田/39.32	森林/33.65	不透水层/21.82
	法兰克福	1087.37	农田/43.30	森林/31.94	不透水层/23.20
	布列斯特	595.03	农田/66.87	森林/14.41	草地/12.31

6.3 城市发展状况与潜力分析

城市夜间的灯光数据可以直接反映一个城市的繁华程度，灯光指数值越高代表城市的繁华程度越高，灯光指数变化率越大说明城市经济、人口发展越快。"一带一路"主要内陆节点城市建成区灯光指数整体较高，2000~2013年以较缓的速率呈上升趋势。而城市周边的灯光指数以较高的年增长率持续上升，拥有较大的发展潜力。2013年26个内陆节点城市建成区灯光指数平均值为58.38，每年升高0.36；城市周边灯光指数平均值为34.36，每年上升0.61。

中蒙俄经济走廊城市的平均灯光指数为59.54，略高于26个城市的平均水平，并以每年0.54的速率快速增长；其城市周边地区的灯光指数较低，为29.00，但以每年0.87的较高速率增加，城市扩展势头强劲（图6-13、图6-14）。

新亚欧大陆桥欧洲段城市灯光亮度最低，为55.95，城市周边灯光亮度水平也较低，为29.09，变化均不显著（图6-15、图6-16）。

中国—中亚—西亚经济走廊的城市建成区灯光指数为60.89，略高于平均水平，并以每年0.41的中等速率增加，其中，德黑兰灯光指数多年来一直保持在60左右，基本达到饱和状态（图6-17、图6-18）。城市周边灯光指数处于平均水平，为33.86，并以每年0.90的较高速率增加，呈现出较快的城市扩展态势。

中国—中南半岛经济走廊城市及其周边地区灯光指数最高，分别为62.17和41.34，且以较高的速率增加，仍有较大发展潜力（图6-19、图6-20）。其中，万象的建成区灯光亮度已达较高水平，但周边灯光指数较低，仅为29.13，近年以每年1.25的较高速率上升，显示出较强的城市扩展趋势。

孟中印缅经济走廊的城市灯光指数略低于平均水平，为57.56，以每年0.77的速率高速增长（图6-21、图6-22）。城市外围的灯光指数最低，仅为23.76，但以每年0.52的中等速率不断升高。如曼德勒周边的灯光指数仅为19.41，平均每年增加0.46，发展潜力较大。

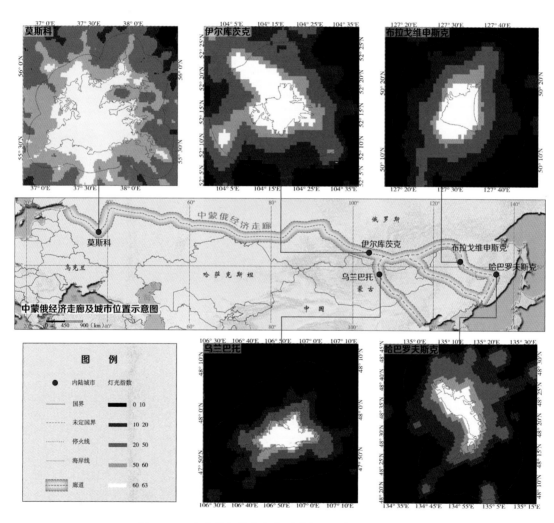

图6-13　中蒙俄经济走廊主要城市2013年灯光指数分布

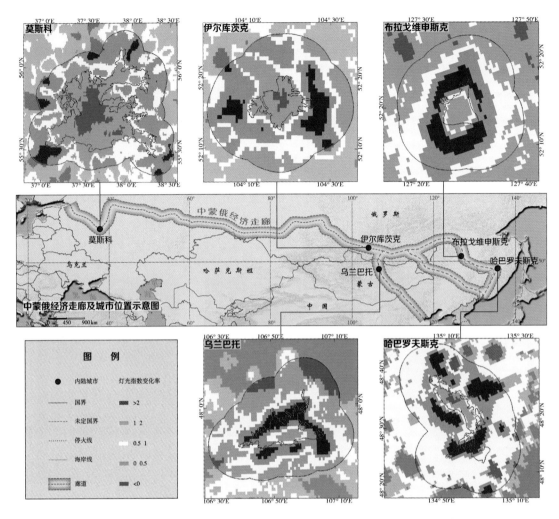

图6-14 中蒙俄经济走廊主要城市2000～2013年灯光指数变化率分布

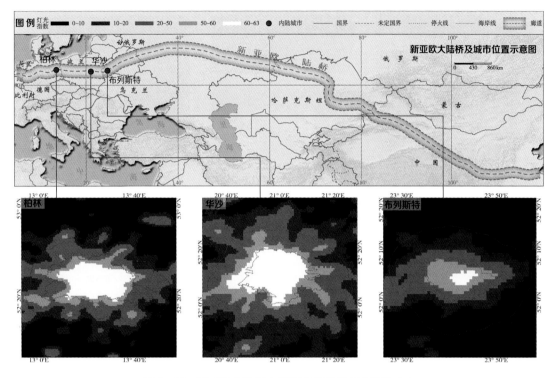

图6-15 新亚欧大陆桥主要城市2013年灯光指数分布

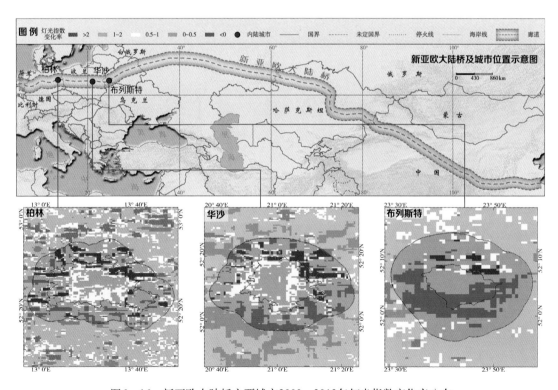

图6-16 新亚欧大陆桥主要城市2000~2013年灯光指数变化率分布

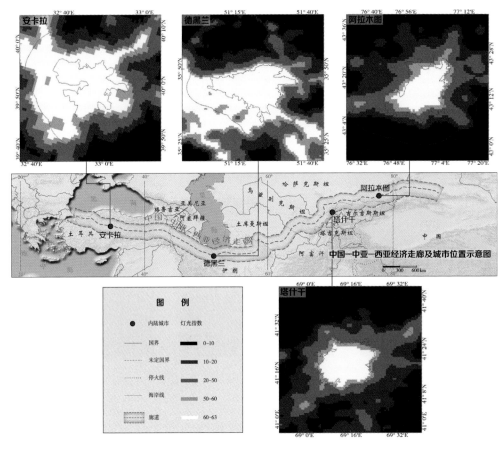

图6－17　中国—中亚—西亚经济走廊主要城市2013年灯光指数分布

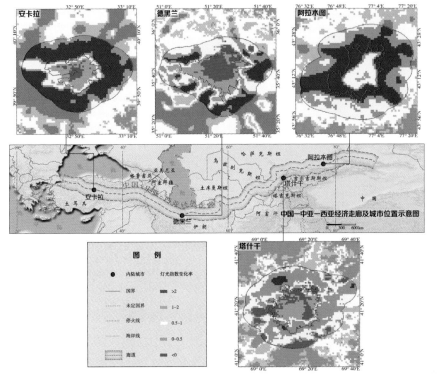

图6－18　中国—中亚—西亚经济走廊主要城市2000～2013年灯光指数变化率分布

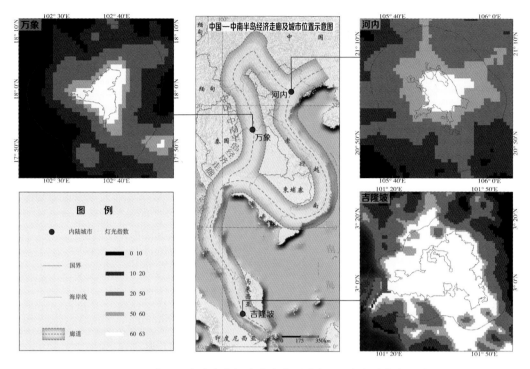

图6-19　中国—中南半岛经济走廊主要城市2013年灯光指数分布

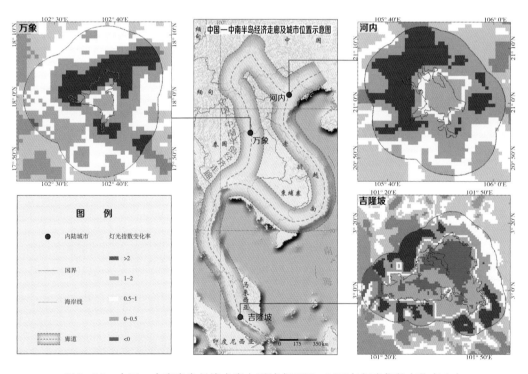

图6-20　中国—中南半岛经济走廊主要城市2000～2013年灯光指数变化率分布

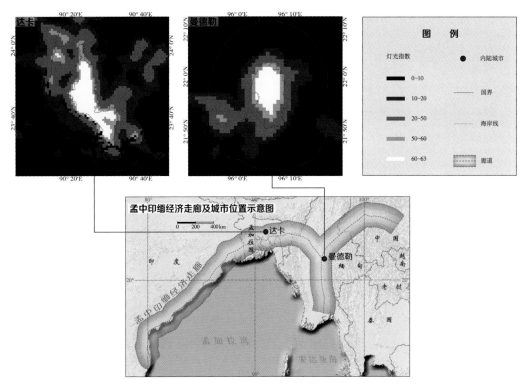

图6-21 孟中印缅经济走廊主要城市2013年灯光指数分布

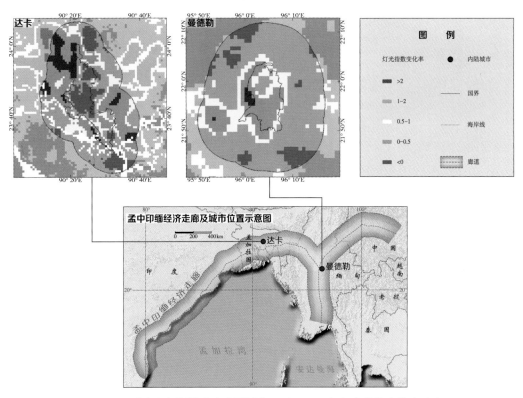

图6-22 孟中印缅经济走廊主要城市2000～2013年灯光指数变化率分布

从各大区域看（表6-4），蒙俄区的城市平均灯光指数为59.54，略高于内陆节点城市平均水平，在过去10多年间以每年0.54的较高速率逐年升高。城市周边的平均灯光指数为29.00，比平均水平低15.60%，并以每年0.87的较高速率逐年增加。总之，蒙俄区城市周边拥有丰富的森林和草地资源，生态良好，发展潜力较大。

东南亚区4个内陆节点城市建成区的平均灯光指数为60.61，比"一带一路"监测区域26个内陆节点城市平均灯光指数高3.82%，在过去10多年间城市灯光指数以平均每年0.75的高速率增加。东南亚地区城市周边的平均灯光指数为35.86，比平均水平高4.35%，并以每年1.03的较高速率增长。总之，东南亚地区城市及其周边地区灯光亮度较高，而且仍保持着较强的增长趋势。

南亚区的3个内陆节点城市的平均灯光指数为61.6，比"一带一路"26个内陆节点城市平均灯光指数高5.52%，其年增长率比平均水平高出11.09%。城市周边地区平均灯光指数为41.3，比平均水平高20.19%，2000~2013年平均每年增长1.26。总的来看，南亚区的城市灯光亮度普遍呈现出高密度、高增长率的变化模式，城市发展、扩张较为显著。

中亚区4个城市的平均灯光指数为54.26，比"一带一路"监测区域26个内陆节点城市平均灯光指数低7.05%，并以每年0.64的较高速率增长。城市周边地区的平均灯光指数为18.12，在六大区中最低，并以每年0.42的较低速率增加。可见，中亚区城市的经济状况并不发达，但仍在不断发展，而城市周边资源匮乏，水分短缺，城市扩张潜力不足。

西亚区3个城市的平均灯光指数为59.93，比"一带一路"监测区域26个内陆节点城市灯光指数的平均水平高2.66%，并以每年0.10的低速率小幅增长。西亚地区城市周边的灯光指数平均值为46.81，高出平均水平36.21%，且以每年0.89的较高速率增长。可见，虽然西亚区城市建成区的发展较为缓慢，但其城市周边地区具有很大的发展潜力。城市周边以裸地为主，自然条件相对恶劣，但多数城市濒临沿海，扼守交通要道，且盛产石油和天然气，有利于城市持续扩展。

欧洲区城市的平均灯光指数为56.58，略低于内陆节点城市平均水平，在2000~2013年以每年0.05的速率递减。城市周边的平均灯光指数为38.31，高出内陆节点城市平均水平11.5%，并以每年0.11的速率逐年递减。总之，欧洲区城市及其周边地区整体上发展较为成熟，灯光亮度变化不显著。

表6—4　2013年城市灯光指数及其2000~2013年变化速率

监测区域	城市	建城区灯光指数	缓冲区灯光指数	建城区灯光指数年变化速率	缓冲区灯光指数年变化速率
蒙俄区	莫斯科	62.06	51.69	0.20	1.06
	布拉戈维申斯克	62.46	22.10	0.54	1.10
	哈巴罗夫斯克	52.77	21.13	0.33	0.43
	伊尔库茨克	62.69	35.59	0.13	1.06
	乌兰巴托	57.71	14.49	1.48	0.72
	平均值	59.54	29.00	0.54	0.87
东南亚区	曼德勒	55.92	19.41	1.15	0.46
	河内	60.89	40.94	0.57	1.47
	万象	62.64	29.13	1.23	1.25
	吉隆坡	62.98	53.95	0.05	0.95
	平均值	60.61	35.86	0.75	1.03
南亚区	新德里	62.60	42.40	0.54	1.48
	达卡	59.20	28.10	0.38	0.57
	班加罗尔	63.00	53.40	0.28	1.74
	平均值	61.60	41.30	0.40	1.26
中亚区	阿拉木图	59.88	21.88	1.23	1.03
	杜尚别	47.00	13.54	0.43	0.05
	塔什干	57.84	23.77	0.13	0.28
	奥什	52.33	13.28	0.75	0.32
	平均值	54.26	18.12	0.64	0.42
西亚区	利雅得	53.97	50.62	0.02	0.36
	安卡拉	62.89	45.86	0.24	1.64
	德黑兰	62.94	43.94	0.04	0.66
	平均值	59.93	46.81	0.10	0.89
欧洲区	巴黎	62.98	59.50	0.00	−0.01
	伦敦	61.46	49.28	0.01	0.13
	华沙	61.35	39.91	0.03	−0.21
	卢森堡	45.35	28.43	0.09	−0.02
	柏林	54.63	32.07	0.02	−0.10
	法兰克福	58.44	43.71	−0.09	−0.25
	布列斯特	51.87	15.28	−0.42	−0.32
	平均值	56.58	38.31	−0.05	−0.11

七、港口城市生态环境状况

以全球海运经济活动的地理分区特征、港口区位特征与发展现状为基础，根据港口在"一带一路"建设过程中发挥的作用，以及与中国合作的密切程度，本章选取了25个港口城市（图7–1、表7–1），对城市建成区及其周边生态环境、城市发展现状及潜力、岸线资源、陆海地形等开展分析和评估。

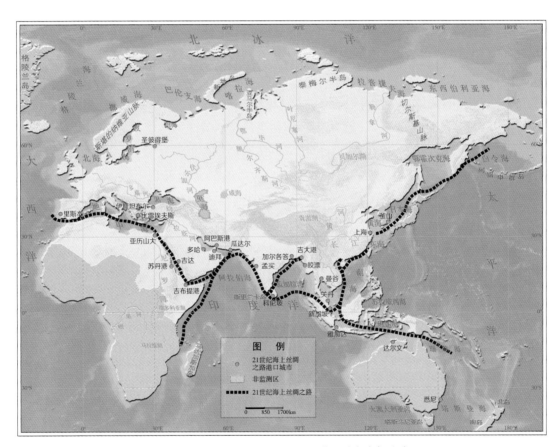

图7–1　"一带一路"沿线重要港口城市空间分布

表7-1 "一带一路"沿线重要港口城市

区域	港口城市及其所在国家
东亚区	上海（中国）、釜山（韩国）
东南亚区	新加坡（新加坡）、雅加达（印度尼西亚）、关丹（马来西亚）、曼谷（泰国）、皎漂（缅甸）
南亚区	吉大港（孟加拉国）、加尔各答（印度）、科伦坡（斯里兰卡）、孟买（印度）、瓜达尔（巴基斯坦）
西亚区	阿巴斯港（伊朗）、迪拜（阿联酋）、多哈（卡塔尔）、吉达（沙特阿拉伯）
非洲—地中海区	吉布提港（吉布提）、苏丹港（苏丹）、亚历山大（埃及）、比雷埃夫斯（希腊）、伊斯坦布尔（土耳其）
欧洲区	里斯本（葡萄牙）、圣彼得堡（俄罗斯）
大洋洲区	达尔文（澳大利亚）、悉尼（澳大利亚）

7.1 港口城市典型生态环境特征及其差异

7.1.1 城市建成区生态环境特征及其差异

城市建成区内部不透水层、绿地、裸地和水体空间分布的遥感监测结果（表7-2、图7-2、图7-3）表明，25个港口城市建成区生态环境特征差异明显。2015年，25个港口城市建成区内部不透水层面积的平均占比为72.25%，绿地面积平均占比为21.02%，不同区域的城市建成区生态环境状况呈现出不同的特征。大洋洲和欧洲地区城市建成区不透水层比例较低，分别为60.72%和63.93%，分别比平均值低11%和8%左右，绿地占比分别为30.25%和32.41%，分别高出平均值9%和11%左右。其他地区的城市不透水层比例都高于70%，绿地面积比例都低于26%，其中，西亚地区的城市不透水层比例高达83.52%，而绿地面积比例仅为5.22%，亚洲其他地区的城市不透水层比例为70%～80%，绿地面积比例为20%～30%，非洲—地中海地区的不透水层比例为73.31%，绿地面积比例为18.68%。

总之，欧洲和大洋洲地区的港口城市，绿地面积比例最高，城市生态环境状况最优；东亚区、东南亚区、南亚区、非洲—地中海地区的港口城市，绿地面积比例较高，城市内部生态环境状况良好；而西亚地区的港口城市，绿地面积比例相对较低，城市内部生态环境状况较差。

表7-2 "一带一路"主要港口城市建成区生态环境状况

区域	港口城市	建成区面积 / km²	不透水层比例 / %	绿地面积比例 / %
东亚区	上海	1730.56	85.64	11.86
	釜山	253.39	60.84	37.93
	区域平均		73.24	24.90
东南亚区	新加坡	588.16	60.93	29.66
	雅加达	1400.96	82.67	16.95
	关丹	32.63	69.96	29.93
	曼谷	962.01	67.10	30.49
	皎漂	6.42	76.42	22.92
	区域平均		71.42	25.99
南亚区	吉大港	131.10	46.38	51.69
	加尔各答	960.56	63.61	28.45
	科伦坡	204.85	91.68	4.61
	孟买	319.49	92.32	6.88
	瓜达尔	12.79	58.95	14.51
	区域平均		70.59	21.23
西亚区	阿巴斯港	119.01	88.05	6.24
	迪拜	696.22	96.46	2.67
	多哈	378.14	74.49	7.13
	吉达	879.65	75.06	4.82
	区域平均		83.52	5.22
非洲—地中海区	吉布提港	21.29	73.58	23.18
	苏丹港	121.94	87.21	4.97
	亚历山大	332.44	48.98	26.82
	比雷埃夫斯	324.37	81.45	18.41
	伊斯坦布尔	484.91	75.32	20.04
	区域平均		73.31	18.68
欧洲区	里斯本	428.88	60.81	37.32
	圣彼得堡	603.79	67.05	27.49
	区域平均		63.93	32.41
大洋洲区	达尔文	34.44	66.77	19.15
	悉尼	1204.60	54.66	41.34
	区域平均		60.72	30.25

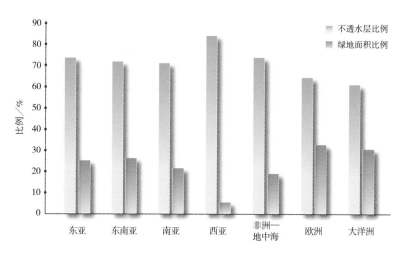

图7-2 不同区域港口城市不透水层和绿地面积比例

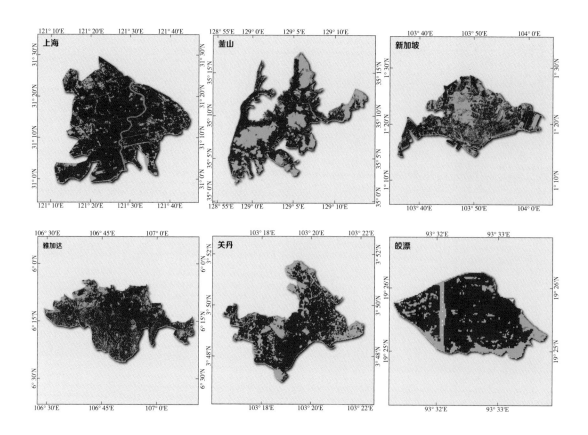

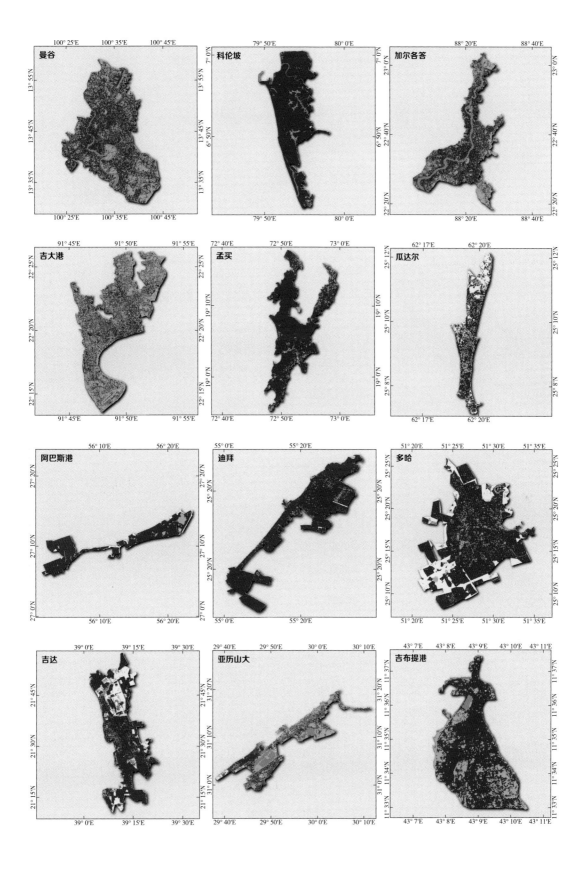

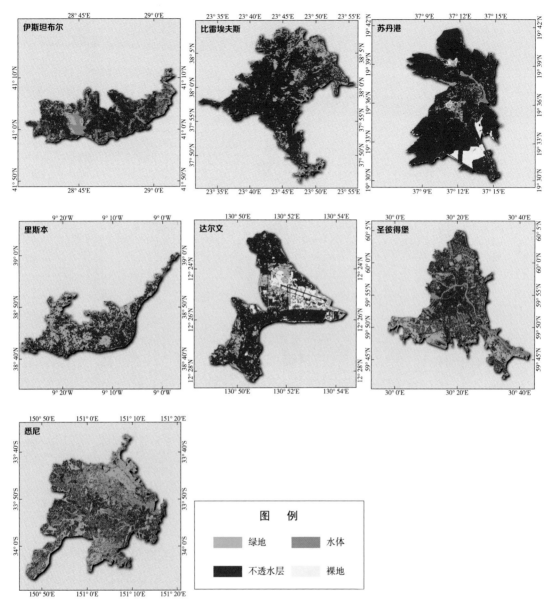

图7-3 "一带一路"主要港口城市建成区生态环境状况

7.1.2　城市周边生态环境特征及其差异

25个港口城市周边土地覆盖类型空间分异明显（表7－3、图7－4）。

东亚区和东南亚区港口城市周边主要土地覆盖类型为森林和农田，其次为不透水层。其中，釜山、关丹城市周边的森林面积比例较高，均达到70%以上（分别为70.78%和93.16%），上海和曼谷城市周边的农田面积比例较高，分别为49.38%和79.79%，而不透水层面积比例较高的有新加坡、上海和曼谷，分别为36.82%、29.89%和15.62%。

南亚区城市周边土地覆盖主要以农田和森林为主，其次为不透水层，农田面积比例较高的有吉大港、加尔各答和孟买，分别为32.25%、62.52%和42.37%，森林面积比例较高的有科伦坡、吉大港和孟买，分别为77.29%、28.50%和34.16%。

西亚区的城市周边以裸地为主，其次是不透水层和灌丛，其中，裸地的比例都达到了72%以上，多哈甚至高达93.11%；阿巴斯的灌丛比例最高，达到10.17%；不透水层面积比例最高的是吉达，比例为5.68%。

非洲—地中海区的吉布提城市周边草地广泛分布，面积比例达75.73%；亚历山大港和比雷埃夫斯港周边农田广泛分布，面积比例分别为68.01%和43.58%；苏丹港周边裸地广泛分布，面积比例达97.46%；伊斯坦布尔城市周边森林比例较高，为39.84%。

欧洲区的港口周边主要以森林、农田和草地为主，圣彼得堡城市周边森林比例较高，为57.45%；里斯本城市周边的农田比例较高，为48.30%；里斯本和圣彼得堡城市周边的草地比例也较高，分别为18.02%和20.75%。

大洋洲区域悉尼城市周边以森林为主，面积比例达80.92%，达尔文周边以草地为主，面积比例为42.95%，其次是森林，面积比例为23.24%。

总之，从城市周边生态环境状况看，东亚区上海周边以农田为主，釜山周边以森林为主；东南亚区港口城市周边主要是森林，其次是农田；南亚区港口城市周边主要是农田，其次是森林；西亚区港口城市周边主要是裸地；欧洲区的里斯本周边以农田为主，而圣彼得堡周边以森林为主；非洲—地中海区欧洲部分的港口城市周边多以农田为主，其次为森林和草地；大洋洲区的悉尼周边以森林为主，达尔文周边以草地为主，其次是森林。

表7－3　港口城市周边主要土地覆盖类型面积与比例

区域	港口城市	缓冲区面积/km²	第一类型/面积比例/%	第二类型/面积比例/%	第三类型/面积比例/%
东亚区	上海	5488.91	农田/49.38	不透水层/29.89	湿地/9.38
	釜山	5361.83	森林/70.78	农田/12.78	不透水层/10.38
东南亚区	新加坡	125.17	森林/41.95	不透水层/36.82	水体/10.79
	雅加达	11588.72	森林/47.55	农田/41.22	不透水层/7.67
	关丹	5514.73	森林/93.16	水体/0.40	草地/0.38
	曼谷	11298.95	农田/79.79	不透水层/15.62	森林/2.62
	皎漂	175.86	森林/39.18	农田/36.13	湿地/21.95

续表

区域	港口城市	缓冲区面积/km²	第一类型/面积比例/%	第二类型/面积比例/%	第三类型/面积比例/%
南亚区	吉大港	1651.15	农田/32.25	森林/28.50	草地/21.79
	加尔各答	18485.20	农田/62.52	水体/15.90	不透水层/15.80
	科伦坡	6157.63	森林/77.29	不透水层/13.21	农田/7.00
	孟买	7189.13	农田/42.37	森林/34.16	不透水层/7.80
	瓜达尔	219.39	裸地/94.66	不透水层/3.84	草地/1.44
西亚区	阿巴斯港	8657.11	裸地/72.88	灌丛/10.17	农田/7.56
	迪拜	10307.88	裸地/86.37	农田/4.25	灌丛/4.23
	多哈	7401.17	裸地/93.11	不透水层/1.77	农田/1.56
	吉达	9084.95	裸地/89.16	不透水层/5.68	灌丛/1.71
非洲—地中海区	吉布提港	207.05	草地/75.73	不透水层/10.81	灌丛/8.14
	苏丹港	6114.19	裸地/97.46	灌丛/1.31	森林/0.45
	亚历山大	7629.10	农田/68.01	裸地/18.50	不透水层/6.12
	比雷埃夫斯	5751.51	农田/43.58	灌丛/38.52	森林/12.86
	伊斯坦布尔	5230.00	森林/39.84	农田/32.88	不透水层/15.43
欧洲区	里斯本	7442.45	农田/48.30	草地/18.02	森林/13.38
	圣彼得堡	12294.10	森林/57.45	草地/20.75	农田/14.03
大洋洲区	达尔文	956.80	草地/42.95	森林/23.24	湿地/16.44
	悉尼	10342.03	森林/80.92	草地/13.35	不透水层/3.31

注：分析范围为扣除建成区之后的缓冲区范围，多数港口城市采用的缓冲区距离为50km，其中达尔文、吉大港为20km缓冲区，吉布提港、瓜达尔、皎漂为10km缓冲区；上海、新加坡是针对除建成区外的行政辖区。

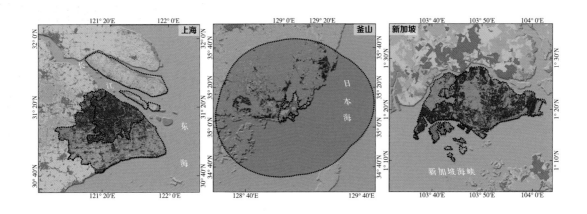

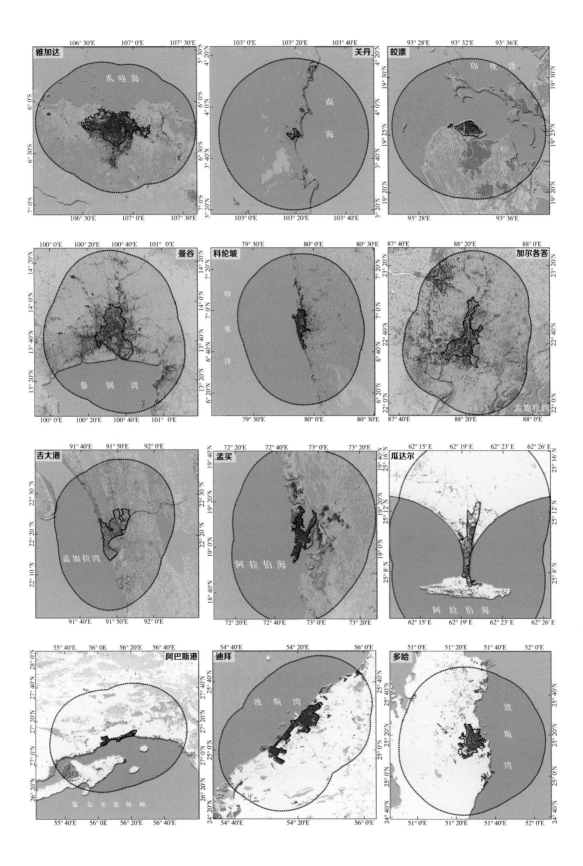

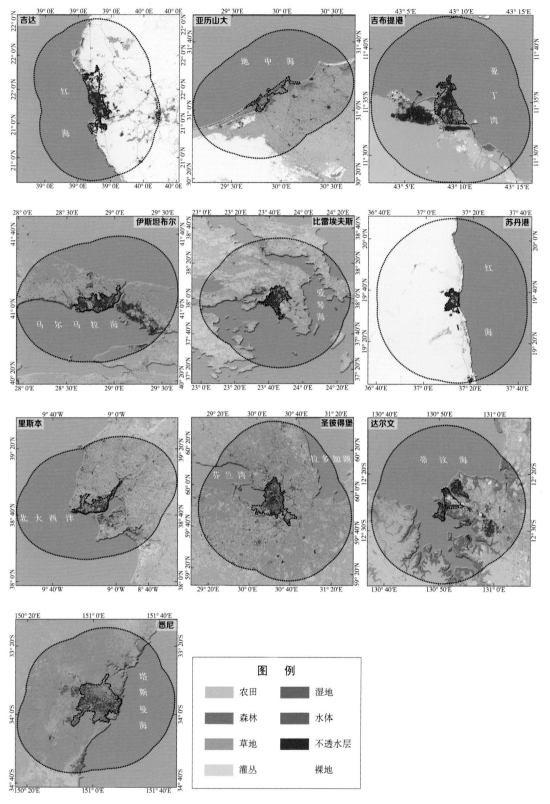

图7-4 "一带一路"主要港口城市周边生态环境状况

7.2　港口城市发展状况与潜力分析

从2000～2013年遥感夜间灯光指数看，2013年25个港口城市建成区灯光指数的平均值普遍在55以上（表7-4），只有苏丹港、吉大港、瓜达尔、皎漂等城市的灯光指数在50以下，分别为45.48、54.92、21.00和9.50。灯光指数在55以上的港口城市，其建成区范围内灯光指数的年增长率都在1以下，上升速率已经呈现较缓的趋势。其中，釜山、比雷埃夫斯港建成区灯光指数甚至出现了下降的趋势，而灯光指数在55以下的城市建成区灯光指数的年增长率普遍高于1，未来的建成区灯光指数仍将持续上升。

相对于城市建成区范围内的灯光指数变化，各个城市缓冲区灯光指数的分布与变化也呈现出显著的区域差异特征（图7-5）。港口城市缓冲区的灯光指数平均值普遍在30以下，总体上远远低于建成区的灯光指数；只有上海、釜山、新加坡、曼谷和迪拜等城市的缓冲区区域的灯光指数在30以上，其中，新加坡的城市缓冲区灯光指数高达58.42，与此相反，苏丹港、瓜达尔等城市缓冲区的灯光指数较低，在10左右。从港口城市缓冲区灯光指数的变化趋势看，西亚地区的港口城市缓冲区灯光指数的年增长率普遍较高，其次是东亚区。除阿巴斯港外，西亚地区的其他港口城市，以及上海、吉达、亚历山大等城市的灯光年增长率均高于1，呈现出较快的发展趋势；里斯本、圣彼得堡、伊斯坦布尔、吉布提港、釜山和曼谷，这些港口城市缓冲区的灯光指数年增长率为0.5～1，城市发展速度居中，其他的港口城市缓冲区灯光指数年增长率小于1，城市发展速度比较缓慢。

总之，虽然港口城市缓冲区的灯光指数值与建成区的灯光指数值的差距仍然较大，但多数港口城市缓冲区的灯光指数正以较高的年增长率持续上升，有较大的发展潜力。不同地理区域的灯光指数具有不尽相同的变化特征。例如，西亚地区城市缓冲区灯光指数年增长率最高，未来城市发展的趋势比较强劲，大洋洲地区城市缓冲区灯光指数年增长率最低，未来城市发展的速度会比较迟缓。处于初级发展阶段的港口城市建成区的灯光指数较低，但年增长率较高，呈现为快速上升的发展态势；相比之下，处于起步阶段的，或已经高度发达的少数港口城市，其缓冲区区域的灯光指数年增长率较低。

表7－4　2013年主要港口城市灯光指数及其2000～2013年变化率

区域	港口城市	建城区灯光指数	缓冲区灯光指数	建城区灯光指数年变化率	缓冲区灯光指数年变化率
东亚区	上海	62.40	39.85	0.35	1.64
	釜山	62.35	37.61	−0.08	0.65
东南亚区	新加坡	62.72	58.42	0.04	0.28
	雅加达	62.61	23.02	0.32	0.57
	关丹	62.08	19.33	0.47	0.33
	曼谷	62.83	33.99	0.14	0.94
	皎漂	9.50	15.00	0.43	0.06
南亚区	吉大港	54.92	13.71	0.23	0.12
	加尔各答	57.27	14.12	0.67	0.38
	科伦坡	59.61	14.94	0.31	0.46
	孟买	62.80	20.96	0.07	0.47
	瓜达尔	21.00	9.84	1.09	0.16
西亚区	阿巴斯港	60.63	15.31	0.13	0.41
	迪拜	62.97	32.41	0.59	1.16
	多哈	62.99	26.28	0.21	1.07
	吉达	60.84	25.24	0.68	1.15
非洲-地中海区	吉布提港	61.00	23.41	0.80	0.56
	苏丹港	45.48	11.26	2.18	0.05
	亚历山大	62.19	29.76	0.04	1.06
	比雷埃夫斯	62.87	21.84	−0.15	0.20
	伊斯坦布尔	62.62	27.15	0.24	0.69
欧洲区	里斯本	62.37	28.22	0.04	0.66
	圣彼得堡	62.09	22.62	0.28	0.57
大洋洲区	达尔文	61.03	29.80	0.02	0.35
	悉尼	60.82	17.60	0.02	0.14

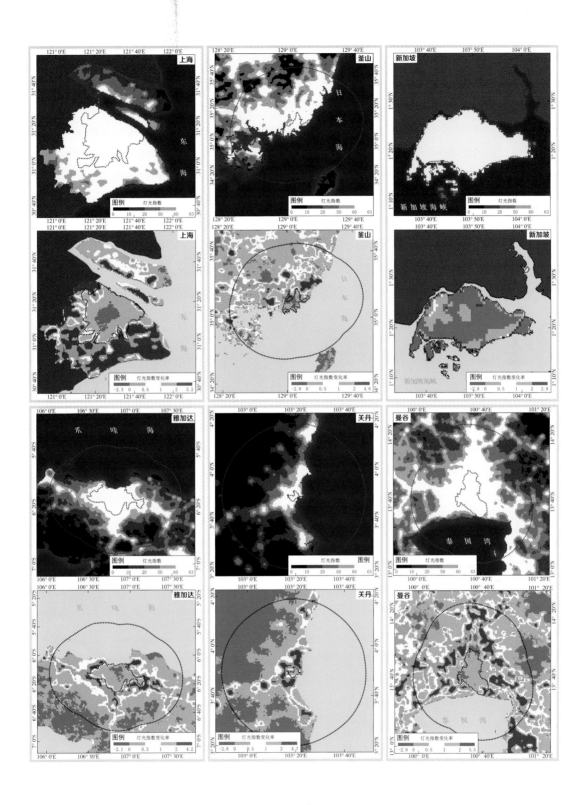

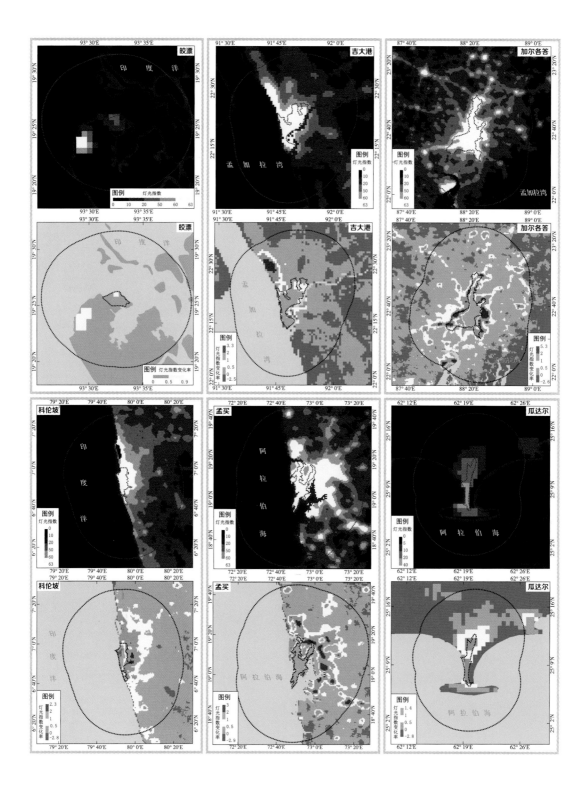

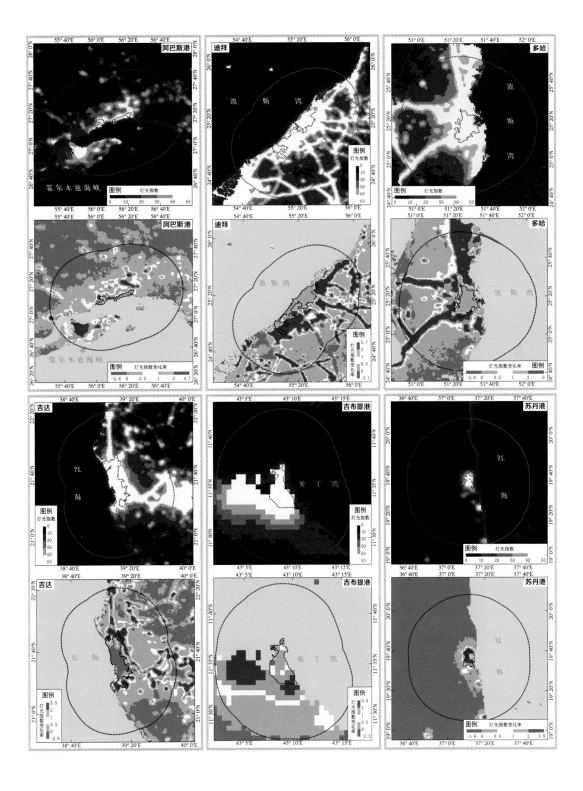

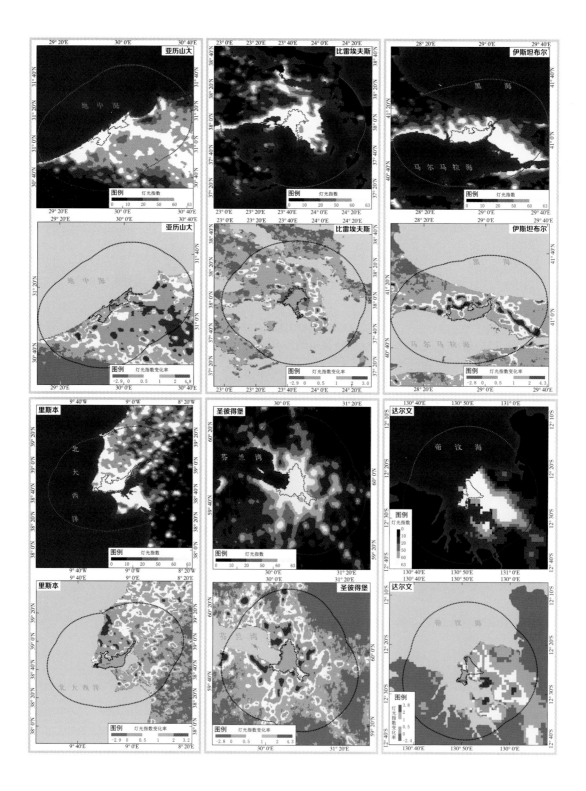

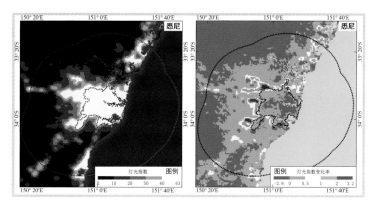

图7-5 "一带一路"主要港口城市2013年灯光指数及其2000～2013年变化率

7.3 港口城市岸线资源与潜力分析

从"一带一路"主要港口城市及其周边区域岸线类型及其长度的遥感监测结果看（表7-5、图7-6），各个港口城市岸线资源的总长度差异极为显著，优势比较明显的有上海、釜山、新加坡、雅加达、孟买、多哈、迪拜、吉达、伊斯坦布尔、比雷埃夫斯、里斯本、悉尼等城市，岸线长度都超过了400km，其中，上海、釜山、迪拜和悉尼，城市及其周边区域岸线的长度均超过了600km。

港口码头、交通岸线、自然岸线等长度和所占比例对港口功能的发展具有重要的影响。上海、釜山、新加坡、雅加达、曼谷、迪拜、多哈、亚历山大、比雷埃夫斯、伊斯坦布尔、圣彼得堡城市发展水平较高，属于发展比较成熟的港口城市，其特点是建成区面积较大，城市腹地条件比较充足，港口码头岸线普遍超过60km，港口发展速度相对比较缓慢。皎漂、瓜达尔、达尔文、关丹等城市处于起步阶段，港口码头岸线长度都在20km以下，其中，关丹的港口码头岸线长度为17.35km，瓜达尔的港口码头岸线仅为2.50km；虽然这些城市经济发展现状水平和腹地条件较差，但是无一不扼守重要交通要道，未来这些港口城市会有较大的发展潜力。其他港口城市总体上处于中等发展水平，港口码头岸线长度为20～60km，港口及城市发展速度均较快。

总之，在区域层面，东亚、东南亚和南亚地区的港口城市岸线总长度优势比较明显；在港口城市层面，上海、釜山、新加坡、雅加达、曼谷、迪拜等城市的港口码头岸线长度比较占优势，而关丹、皎漂、瓜达尔、达尔文等城市的港口码头岸线长度相对较小，但未来会有较大的发展潜力。

表7—5 "一带一路"主要港口城市岸线类型与长度

区域	港口城市	岸线总长度	自然岸线		丁坝突堤		港口码头		围垦中岸线		养殖岸线		盐田岸线		交通岸线		防潮堤岸线	
			长度/km	比例/%	长度/km	比例/%	长度/km	比例/%	长度/km	比例/%	长度/km	比例/%	长度/km	比例/%	长度/km	比例/%	长度/km	比例/%
东亚区	上海	708.14	67.17	9.49	58.79	8.30	85.37	12.06	47.84	6.76	9.41	1.33	11.44	1.62	121.85	17.21	306.27	43.25
	釜山	1227.89	632.42	51.50	18.43	1.50	134.03	10.92	30.74	2.50	0.00	0.00	0.00	0.00	392.29	31.95	19.98	1.63
东南亚区	新加坡	438.50	114.50	26.11	35.90	8.19	166.40	37.95	18.90	4.31	0.00	0.00	0.00	0.00	54.40	12.41	48.40	11.04
	雅加达	400.99	250.85	62.56	21.57	5.38	81.09	20.22	19.58	4.88	0.00	0.00	9.14	2.28	17.84	4.45	0.92	0.23
	关丹	190.36	147.06	77.25	15.32	8.05	17.35	9.11	0.00	0.00	0.00	0.00	0.00	0.00	10.63	5.58	0.00	0.00
	曼谷	393.90	103.10	26.17	0.00	0.00	106.80	27.11	0.00	0.00	0.00	0.00	105.20	26.71	20.80	5.28	58.00	14.72
	皎漂	72.34	69.11	95.53	0.60	0.83	2.63	3.64	0.00	0.00	0.00	0.00	0.00	0.00	0.00	0.00	0.00	0.00
南亚区	吉大港	114.40	69.70	60.93	0.60	0.52	22.70	19.84	0.00	0.00	0.00	0.00	0.00	0.00	14.00	12.24	7.40	6.47
	加尔各答	381.90	285.80	74.84	0.00	0.00	34.50	9.03	0.00	0.00	0.00	0.00	0.00	0.00	59.10	15.48	2.50	0.65
	科伦坡	286.10	222.45	77.75	9.23	3.23	20.98	7.33	0.00	0.00	0.00	0.00	0.00	0.00	33.44	11.69	0.00	0.00
	孟买	503.20	331.90	65.96	9.70	1.93	75.90	15.08	0.50	0.10	2.50	0.50	1.50	0.30	48.50	9.64	32.70	6.50
	瓜达尔	62.52	47.54	76.04	0.00	0.00	2.50	4.00	0.00	0.00	0.00	0.00	0.00	0.00	12.48	19.96	0.00	0.00
西亚区	阿巴斯港	341.84	250.46	73.27	24.61	7.20	36.01	10.53	1.89	0.55	0.00	0.00	0.00	0.00	28.87	8.45	0.00	0.00
	迪拜	903.24	573.95	63.54	173.08	19.16	98.82	10.94	0.00	0.00	0.00	0.00	0.00	0.00	57.39	6.35	0.00	0.00
	吉达港	471.11	393.08	83.44	11.54	2.45	40.60	8.62	0.00	0.00	0.00	0.00	0.00	0.00	25.89	5.50	0.00	0.00
	多哈	418.85	221.20	52.81	68.28	16.30	96.76	23.10	21.79	5.20	0.00	0.00	0.00	0.00	10.82	2.58	0.00	0.00
非洲—地中海区	吉布提港	63.07	33.75	53.51	3.46	5.49	17.43	27.64	1.50	0.64	0.00	0.00	0.00	0.00	8.43	13.37	0.00	0.00
	苏丹港	233.87	190.84	81.60	2.83	1.21	25.22	10.78	0.00	0.00	0.00	0.00	0.00	0.00	13.48	5.76	0.00	0.00
	亚历山大	256.55	141.61	55.20	17.56	6.84	63.44	24.73	0.00	0.00	0.00	0.00	0.00	0.00	17.97	7.00	15.97	6.22
	比雷埃夫斯	597.80	458.29	76.66	21.48	3.59	62.19	10.40	0.00	0.00	0.00	0.00	0.00	0.00	55.84	9.34	0.00	0.00
	伊斯坦布尔	501.92	318.38	63.43	3.93	0.78	94.03	18.73	7.80	1.55	0.00	0.00	0.00	0.00	38.86	7.74	38.92	7.75
欧洲区	里斯本	569.11	371.24	65.23	5.71	1.00	25.82	4.54	150.37	26.42	0.00	0.00	0.00	0.00	15.97	2.81	0.00	0.00
	圣彼得堡	362.38	160.64	44.33	7.17	1.98	74.55	20.57	19.81	5.47	0.00	0.00	0.00	0.00	82.44	22.75	17.77	4.90
大洋洲区	达尔文	382.34	273.41	71.51	6.67	1.74	8.12	2.12	0.00	0.00	0.00	0.00	0.00	0.00	94.14	24.62	0.00	0.00
	悉尼	1464.98	1309.30	89.37	15.87	1.08	74.40	5.08	0.00	0.00	0.00	0.00	0.00	0.00	65.41	4.46	0.00	0.00

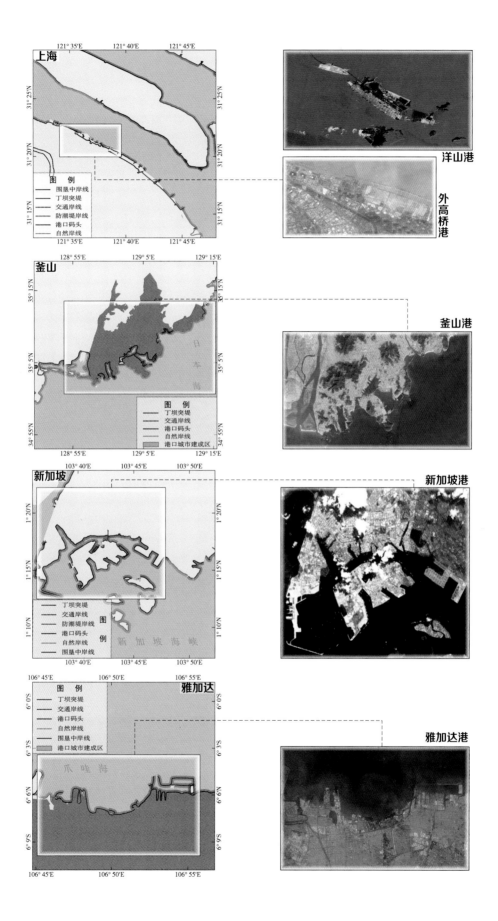

上海

洋山港

外高桥港

图　例
围垦中岸线
丁坝突堤
交通岸线
防潮堤岸线
港口码头
自然岸线

釜山

釜山港

图　例
丁坝突堤
交通岸线
港口码头
自然岸线
港口城市建成区

新加坡

新加坡港

丁坝突堤
交通岸线
防潮堤岸线
港口码头
自然岸线
围垦中岸线
图　例

新加坡海峡

雅加达

图　例
丁坝突堤
交通岸线
港口码头
自然岸线
围垦中岸线
港口城市建成区

雅加达港

爪哇海

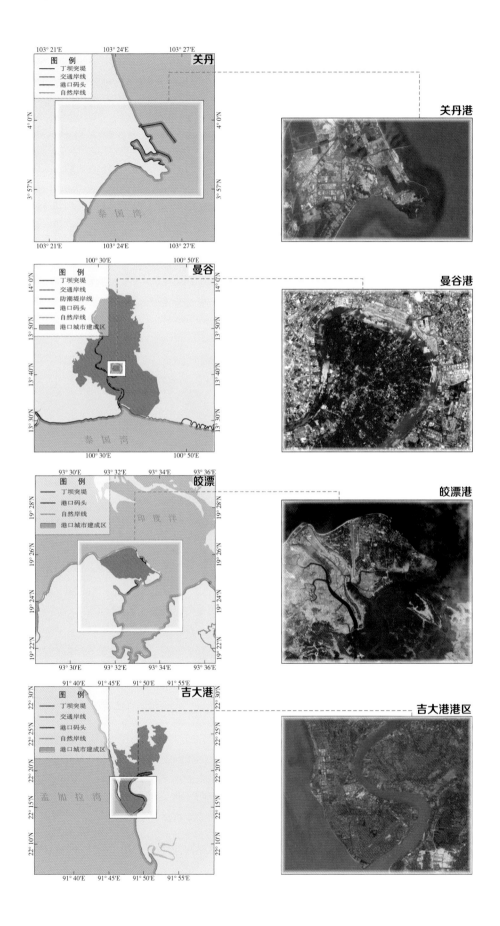

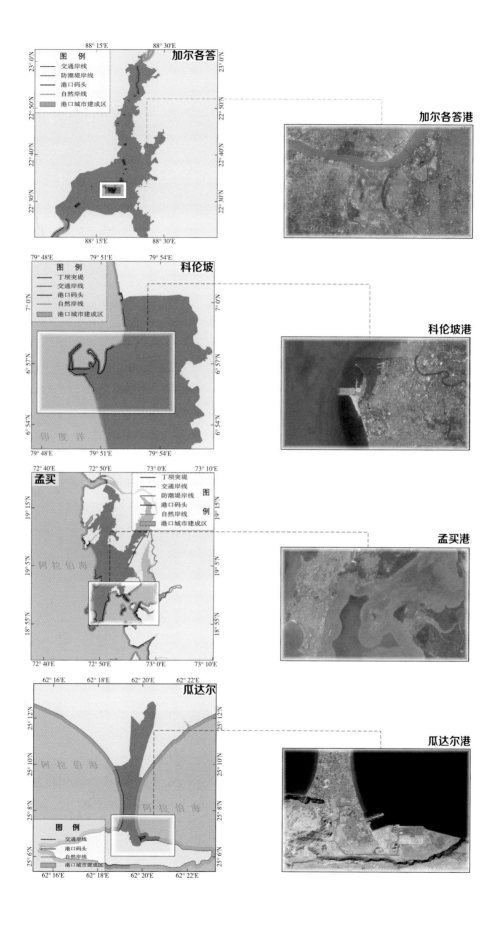

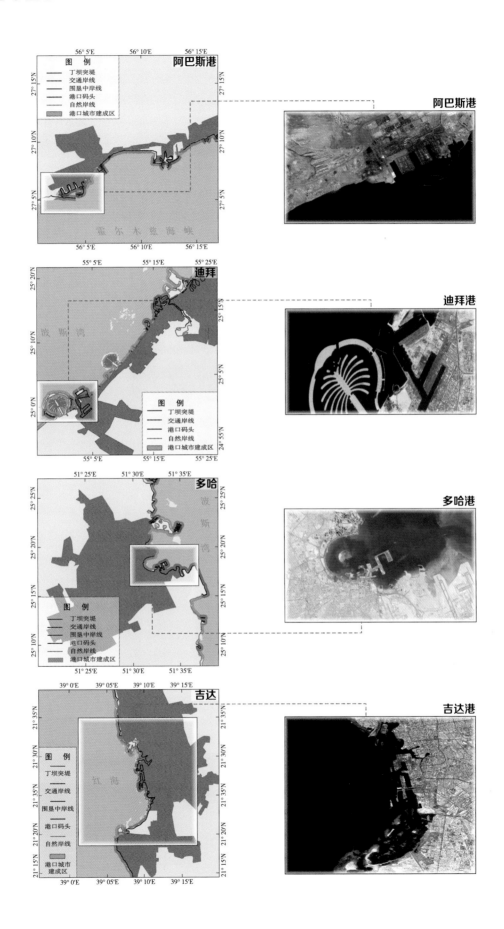

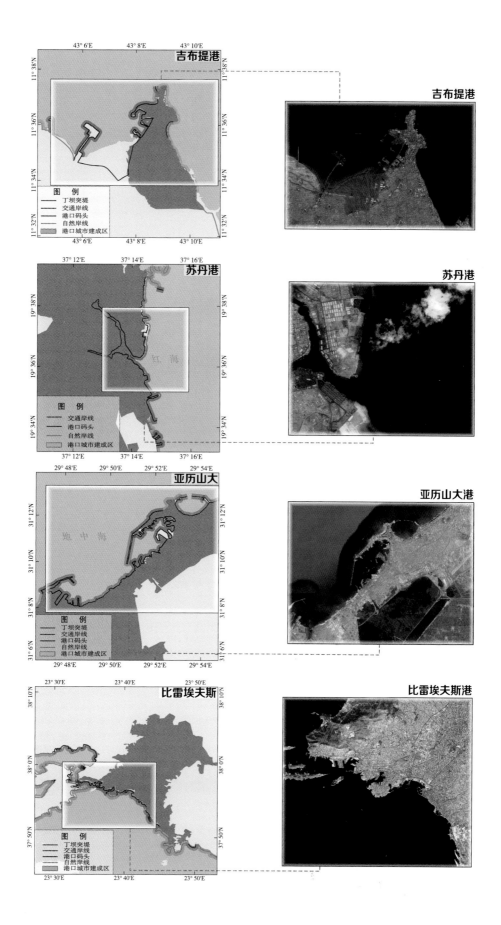

吉布提港

吉布提港

苏丹港

苏丹港

亚历山大

亚历山大港

比雷埃夫斯

比雷埃夫斯港

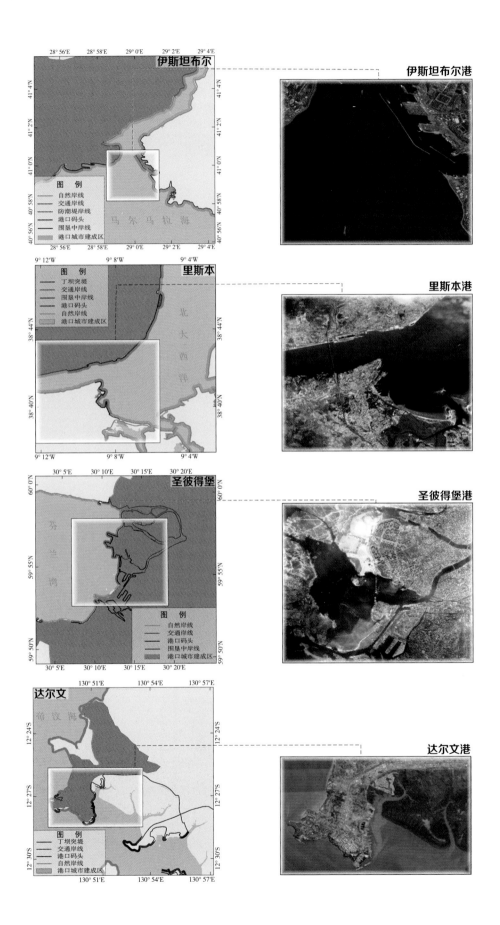

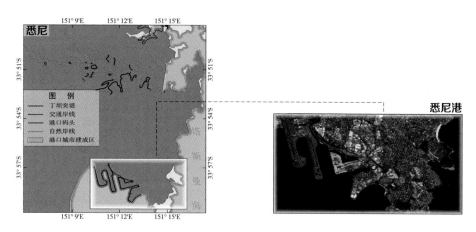

图7-6　"一带一路"主要港口城市遥感影像与岸线类型分布

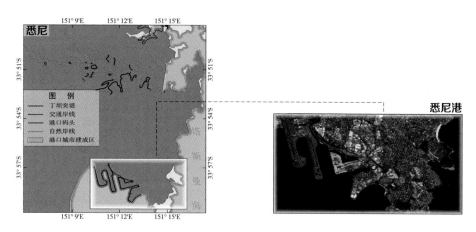 图例内容：丁坝突堤、交通岸线、港口码头、自然岸线、港口城市建成区

7.4　港口城市陆海地形特征分析

从港口城市周边区域的陆海地形特征可以看出（图7-7），城市建成区与周边陆域高程差很大的港口城市多集中于西亚区、东南亚区和非洲—地中海区。其中，阿巴斯港、苏丹港、雅加达、比雷埃夫斯等港口城市的高程差都超过了200m；釜山、吉达、悉尼等城市的高程差也都超过了100m，这些港口城市的建成区周边分布有一定范围的山地、地势起伏较大，某种程度上约束了港口城市的空间扩展，而其他港口城市的高程差都小于100m，并且大多数的高程差都不足50m，这些城市及其周边区域相对平坦的地形给港口城市未来扩展提供了一定的便利条件。

港口的资源条件及其发展潜力在一定程度上取决于港口城市周边海域的水深条件（表7-6）。非洲—地中海区、红海、欧洲区和大洋洲区海域的港口城市周边海水深度普遍较大，通常可达100m之上，而圣彼得堡和达尔文周边海水深度较浅，平均深度不足10m。除红海之外的亚洲地区的其他港口城市周边海水深度普遍较浅，上海、关丹、多哈、皎漂等海港城市和曼谷、加尔各答和吉大港等河港城市，以及伊斯坦布尔和达尔文，其周边海域水深通常不足15m。周边海域较浅的水深条件更容易产生较严重的泥沙淤塞问题，影响大吨位船舶的通航和停靠，会给高级别港口的建设和现有港口的升级与发展带来一定的阻力。

总之，港口城市建成区与周边陆域高程差较大的港口城市多集中于西亚区、东南亚区和非洲—地中海区，将在一定程度上约束港口城市在陆域空间的扩展。周边海水深度普遍较大的港口城市多集中在非洲—地中海区、红海、欧洲区和大洋洲区的海域，而欧洲区的圣彼得堡、大洋洲区的达尔文和除红海之外的亚洲地区港口城市的周边海水深度普遍较浅，在一定程度上给港口的建设发展和升级带来一定的阻力。

表7－6　主要港口城市周边地形特征　　　　　　　　（单位：m）

区域	港口城市	建成区		城市周边陆域		城市周边水域	
		最大值	平均值	最大值	平均值	最大值	平均值
东亚区	上海	17	4.81	25	3.61	−65	−7.77
	釜山	415	69.96	1094	183.77	−234	−95.31
东南亚区	新加坡	95	19.17	46	13.49	−104	−16.13
	雅加达	102	24.78	2852	254.24	−91	−23.34
	关丹	111	26.31	1271	92.57	−34	−12.8
	曼谷	14	5.29	735	6.75	−28	−9.55
	皎漂	5	2.89	66	15.53	−41	−8.45
南亚区	吉大港	32	9.24	128	16.95	−19	−6.72
	加尔各答	18	7.83	30	8.26	−24	−5.23
	科伦坡	26	10.82	892	75.56	−2189	−573.53
	孟买	96	15.16	750	74.33	−82	−18.92
	瓜达尔	11	6.06	271	21.35	−168	−15.96
西亚区	阿巴斯港	60	18.18	2552	230.86	−151	−26.24
	迪拜	52	12	490	97.32	−59	−21.48
	多哈	43	19.61	88	29.42	−34	−10.55
	吉达	111	21.04	617	128.87	−1025	−352.93
非洲—地中海区	吉布提港	12	4.88	141	48.81	−283	−28.14
	苏丹港	86	18.75	1555	336.79	−922	−281.46
	亚历山大	35	5.66	134	19.91	−1141	−226.43
	比雷埃夫斯	380	138.3	1264	268.57	−838	−130.22
	伊斯坦布尔	195	75.57	882	135.91	−1564	−338.17
欧洲区	里斯本	301	105.36	554	81.36	−4017	−539.26
	圣彼得堡	38	14.13	192	60.51	−30	−9.62
大洋洲区	达尔文	34	19.49	48	16.41	−29	−8.84
	悉尼	210	54.2	997	252.94	−1619	−240.08

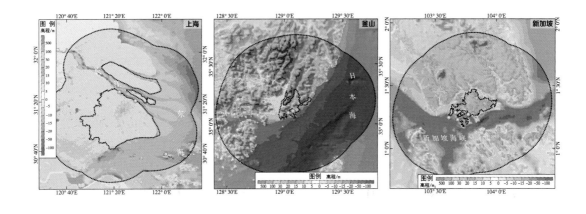

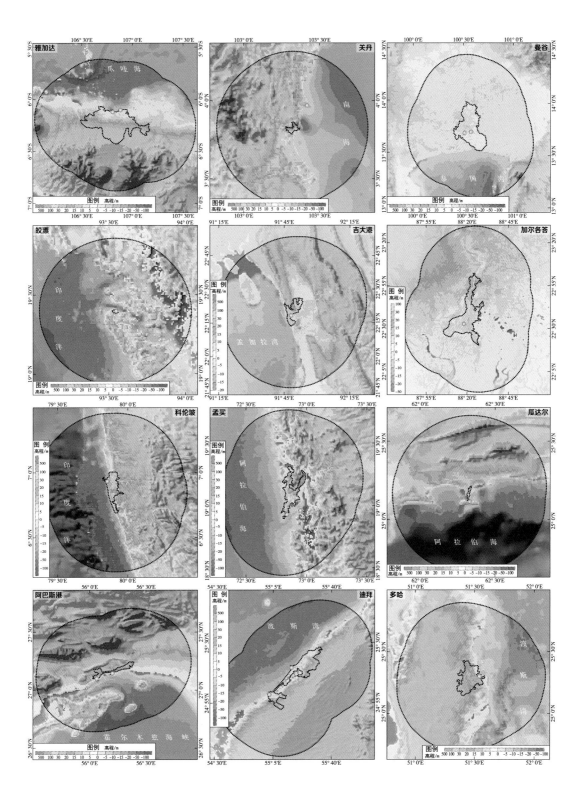

119

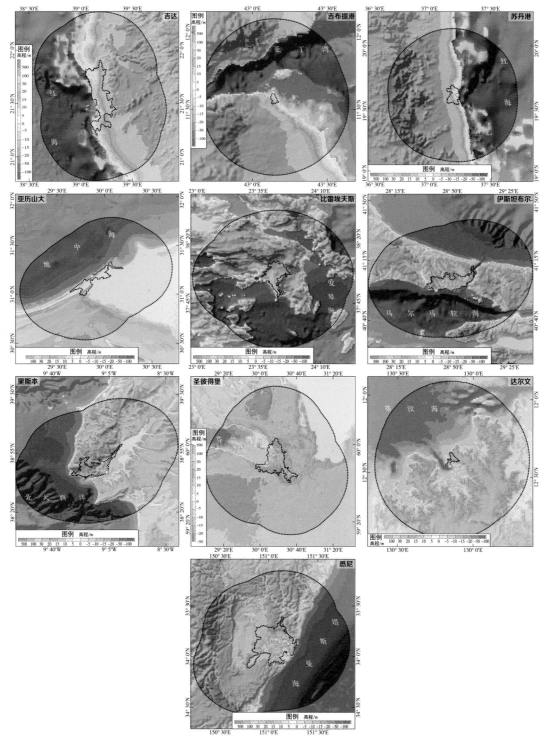

图7-7 "一带一路"主要港口城市海陆地形特征

八、结论与建议

　　秉承"一带一路"倡议提出的可持续发展和合作共赢理念，针对"一带一路"沿线区域，主要利用2014年国内外卫星遥感数据，系统地生成了监测区域陆域与海域现势性较强的土地覆盖、植被生长状态、农情、海洋环境等方面的31个生态环境遥感专题数据产品。本报告利用上述数据产品，就陆域七大区域、6个经济走廊及26个重要节点城市的生态环境基本特征、土地利用程度、约束性因素等，以及12个海区、13个近海海域及25个港口城市的生态环境状况进行了系统分析，取得了一系列非常有意义的监测结果。相关成果不仅可为"一带一路"倡议的实施规划方案制订提供现势性和基础性的生态环境信息，而且可作为"一带一路"倡议实施过程中的生态环境动态监测评估的基准。数据产品将无偿与相关国家和国际组织共享，共同促进区域可持续发展。

8.1　主要结论

8.1.1　陆域生态资源及其空间分布

　　"一带一路"沿线陆域自然地理条件复杂，森林、草原、农田等生态系统多样，具有明显的地带性，区域差异大。森林、草地、农田总面积为3673.52万km²，占监测区域总面积的69.11%。

　　2014年"一带一路"陆域监测区森林总面积为1279.33万km²，占全球森林总面积的35.10%，占监测区域总面积的24.07%，森林地上生物量达1495.03亿t。在监测区域中，森林面积较大的区域为蒙俄区、东南亚区和欧洲区，分别占全区森林总面积的49.64%、27.82%和14.25%。在各森林生态系统中，亚寒带针叶林和热带雨林占森林面积的第一、二位，其中，前者主要分布在俄罗斯与北欧，后者主要分布在东南亚区。

　　2014年"一带一路"陆域监测区草地总面积1234.42万km²，占全球草地总面积的34.88%，占监测区域总面积的23.22%，草地NPP总量达7.77亿t。在监测区域中，草地面积较大的区域为蒙俄区、中亚区和西亚区，分别占全区草地总面积的61.57%、18.91%和5.38%。在草地生态系统中，从欧洲多瑙河下游经西亚、中亚、蒙古高原至中国内蒙古为亚欧草原，青藏高原主要为高寒草甸与高寒草原，荒漠草原主要分布于西亚区、北非的天然荒漠周边地带。

　　2014年"一带一路"陆域监测区农田总面积1159.77万km²，占全球农田总面积的53.28%，占监测区域总面积的21.82%，粮食主产区玉米、水稻、小麦和大豆的总产量分别为16269万t、48908万t、36023万t和1699万t。四种大宗粮食作物人均产量的区域差别较大，东南亚区、俄罗斯达400kg/人以上，中国、中亚区、欧洲区达300kg/人以上，南亚区低于200kg/人，非洲东北部区和西亚区低于150kg/人。其中南亚地区可耕种土地多，以水稻为代表的优质作物总产量高，但由于人口众多导致人均产量低。

8.1.2 土地利用程度的空间差异

"一带一路"陆域土地利用程度指数平均值为0.34，但受自然条件和社会经济条件的影响，地区差异极大。与人口聚集及农业大面积开发紧密相关，高值区域主要分布在欧洲区、东南亚区和南亚区；受干旱、寒冷和高海拔等因素的影响，低值区域主要分布在青藏高原、蒙古高原、中东和北非。

欧洲区土地利用程度最高，土地利用程度指数平均为0.52，大多在0.4以上，主要为农田垦殖性和城镇建设性开发，北欧气候严寒，人类开发利用受限，土地利用程度较低。南亚区土地利用程度指数平均为0.48，在各区中排第二，其中，印度和孟加拉国土地利用程度指数整体较高，大多在0.6以上，主要与农田垦殖与城镇建设性开发有关。东南亚区土地利用程度指数平均为0.42，在各区中排第三，其中开发程度高值区主要分布于中南半岛的中部和南部，以农业耕种和城市建设开发为主。蒙俄区土地利用程度指数平均为0.36，比全球平均水平稍高，其中，俄罗斯土地利用程度指数大于0.5的高值区域主要分布在西南部，以建设性开发为主；蒙古土地利用程度指数普遍低于0.4。中亚区地广人稀，土地利用程度较低，土地利用程度指数平均为0.35，仅高于非洲东北部区和西亚区。西亚区土地利用程度指数平均仅为0.19，稍高于非洲东北部区，其中，叙利亚北部、黎巴嫩、以色列北部、地中海东岸和美索不达米亚平原土地利用程度指数均在0.6以上，开发程度较高；而沙特、阿曼、阿联酋、科威特，以及伊朗和伊拉克的大部分地区，荒漠分布广泛，土地利用程度指数普遍在0.2以下。非洲东北部区土地利用程度指数最低，平均值为0.16。

8.1.3 海区和重要港口周边海域生态环境状况

本次监测的12个海区总面积约2242万km²。2003～2014年，12个海区透明度总体呈增高趋势，水质环境总体好转，呈现近岸低、外海高的空间分布格局，其中，波罗的海最低，年均约3m；北海南部、孟加拉湾北部、阿拉伯海东部、中国东部和波斯湾等海区透明度较低，年均小于5m。受陆源输入、人为活动或浅水底质再悬浮等影响，达尔文港、加尔各答—吉大港—皎漂、卡拉奇、鹿特丹、吉隆坡—雅加达等近海海域水体较浑浊，年均透明度为2～5m；亚历山大港、雅典、吉达—苏丹港、吉布提港、科伦坡等近海海域的透明度较高，年均为30～40m。

12个海区浮游植物生物量（叶绿素浓度）和NPP总体呈现近海高、陆架次之、外海最低的空间分布格局。高值区主要位于波罗的海、黑海、北海、中国东部海区和波斯湾，年均叶绿素浓度达1.0μg/l以上，年均NPP达500gC/(a·m²)以上；低值区主要位于南海、爪哇—班达海、孟加拉湾和地中海，年均叶绿素浓度小于0.5μg/l，年均NPP在200 gC/(a·m²)以下。鹿特丹、卡拉奇、迪拜—阿巴斯—多哈等周边海域的叶绿素浓度和NPP整体较高，其中鹿特丹沿岸年均叶绿素浓度大于10μg/l，年均NPP达2000gC/(a·m²)以上；亚历山大港、雅典、吉达—苏丹港、科伦坡、吉隆坡—雅加达等周边海域的叶绿素浓度和NPP水平较低，其中亚历山大港、雅典和吉达—苏丹港周边海域年均叶绿素浓度低于0.2μg/l，年均NPP小于200mgC/(a·m²)。

8.1.4 主要经济走廊建设的生态环境约束性因素

"愿景与行动"中提出的六大经济走廊是丝绸之路经济带建设的重要载体，走廊沿线区域的生态环境条件对"一带一路"建设有重要影响，是必须考虑的重要因素。对各经济走廊的生态约束性因素分析表明，不同经济走廊及每个走廊的不同分段其主要生态约束性因素不尽相同。

中蒙俄经济走廊严寒区段总计长约2300km，山地区段长约650km，荒漠区段长约400km。同时，自然保护区广布，且大部分分布在走廊东部地区。严寒、大面积荒漠分布和珍稀生物生境保护是该经济走廊建设最重要的生态约束因素，主要分布在东部。

新亚欧大陆桥全长超过10000km，其中中亚段长约1800km，是主要生态敏感地段，干旱和荒漠是主要的生态约束因素；欧洲段长约3900km，生态环境约束总体较小。

中国—中亚—西亚经济走廊的中国—中亚段长约3200km，其中2240km穿越荒漠区，360km穿越天山山脉，大范围荒漠、严寒和高山是中亚段的主要生态环境约束因素；西亚段长约2980km，其中820km穿越荒漠区，1400km穿越山区，荒漠和高山地形是西亚段的主要生态环境约束因素。

中国—中南半岛经济走廊北段主要穿越地形起伏大的山区，约700km穿越海拔高于2000m的区域，地形是最主要的生态环境约束因素；南段自然保护区广布，廊道沿线缓冲区内共有各类自然保护区259个，珍稀生物物种及其生境保护是主要生态约束因素。

中巴经济走廊全长约3000km，其中北段约940km穿越海拔普遍高于4000m的喀喇昆仑山脉和帕米尔高原，高海拔与大坡度、严寒是主要的生态环境约束因素；南段的巴基斯坦南部全长约490km，干旱和大面积荒漠分布是主要生态环境约束因素。

孟中印缅经济走廊全长近4000km，其中，中缅段长约1500km，穿越云贵高原和缅甸北部山地，山地地形复杂是主要生态环境约束因素；印孟段长约2500km，极端天气造成的洪涝灾害频发，同时，沿线自然保护区分布广泛，极端天气及物种/生境保护是主要生态环境约束因素。

8.1.5 重要节点城市和港口城市生态环境状况

重要节点城市和港口城市在"一带一路"建设中起着重要的枢纽作用。

2000～2013年，中蒙俄经济走廊中的俄罗斯城市建成区绿地面积大、灯光指数稳定，如莫斯科建成区内绿地面积占比为51.44%，灯光指数年变化率为0.2，而城市周边灯光指数年变化率为1.06，说明城市向周边蔓延速率快。新亚欧大陆桥欧洲段城市整体发展成熟，绿地占比高，城市环境良好，灯光指数呈现出轻微的下降趋势，如布列斯特的建成区内绿地面积占比50.84%，灯光指数年增长率为-0.42。在中国—中亚—西亚经济走廊中，西亚城市建成区绿地占比普遍偏低，灯光指数年增长率较大，城市扩展较快；中亚城市普遍欠发达，如塔什干的城市建成区内绿地面积占比9.73%，灯光指数年增长速率较低，仅为0.28，而阿拉木图的城市建成区和周边地区的灯光指数年增长速率分别为1.23和1.03，城市发展比较快。中国—中南半岛经济走廊的灯光指数普遍呈现出"高密度、高增长率"的特点，如万象建成区内绿地面积占比12.22%，灯光指数年增长率为1.23。孟中印缅经济走廊的城市发展差异较大，如曼德勒和达卡的建成区内绿地面积占比分别为11.43%和20.37%，灯光指数年增长率分别为1.15和0.38。

成熟型的港口城市生态环境良好，岸线资源丰富，如新加坡和圣彼得堡，城市建成区绿地占比分别为29.66%和27.49%，港口码头岸线长度分别166.4km和74.55km，经济社会发达，但未来港口发展可能面临较严峻的"港"、"城"冲突；处于起步阶段的港口城市，城市规模较小，港口基础设施尚不完善，如瓜达尔和皎漂，城市建成区绿地占比分别为14.51%和22.92%，港口码头岸线长度分别为2.5km和2.63km。

8.2 主要建议

为在"一带一路"倡议实施中充分体现可持续发展的理念，在区域、廊道与节点城市规划建设中提出如下三点建议。

（1）东南亚区、南亚区、中东欧及俄罗斯远东地区生态条件良好，生态资源丰富，经济发展潜力大，是"一带一路"倡议实施中应重点关注的区域。但是，在这些区域中，东南亚区和南亚区热带雨林与亚热带山地森林是全球生物多样性保护的关键区域；欧亚大陆高纬度地区的亚寒带针叶林生长缓慢，自身恢复能力差，一旦破坏难以恢复。因此，在规划和建设中应特别重视这些区域的生态保护问题。

（2）主要经济走廊的建设对沿线区域的经济将起到重要的带动作用，同时也会对走廊沿线的生态环境构成新的压力，如中国—中亚—西亚经济走廊穿越中国新疆、哈萨克斯坦、伊朗等干旱区，水资源严重匮乏，荒漠生态环境极其脆弱，要以水资源承载力作为约束条件制定区域产业的优化布局方案。因此，在经济走廊及其节点城市的规划建设中应加强科学论证，充分评估建设活动的生态环境影响。

（3）部分封闭的海域，因临近大河河口和人类活动导致的环境污染，海域生态环境保护的压力较大，如鹿特丹、迪拜—阿巴斯—多哈、卡拉奇等港口的临近海域海水透明度低、叶绿素含量偏高。因此，在"一带一路"倡议实施过程中，需要重点关注相关海域的海洋生态环境保护问题。

致　谢

本报告得到国家高技术研究发展计划（863计划）"星机地综合定量遥感系统与应用示范"项目、"全球生态系统与表面能量平衡特征参量生成与应用"项目、"全球地表覆盖遥感制图与关键技术研究"项目和团队的支持，由国家遥感中心牵头、遥感科学国家重点实验室协助组织实施，中国科学院遥感与数字地球研究所、中国林业科学研究院资源信息研究所、中国科学院地理科学与资源研究所、中国科学院新疆生态与地理研究所、清华大学、北京师范大学、国家海洋局第二海洋研究所、中国科学院烟台海岸带研究所共同完成。感谢中国科学院寒区旱区环境与工程研究所等参与产品验证；感谢南京大学、武汉大学参与森林生态环境监测；感谢中国资源卫星应用中心、环保部卫星环境应用中心、国家卫星气象中心、国家卫星海洋应用中心等提供卫星遥感观测数据；感谢中国科学院计算机网络信息中心提供产品生产的计算资源；感谢国家基础地理信息中心提供报告的基础地理底图。

附　录

1. 遥感数据源

陆表定量遥感产品主要来源于863高技术发展计划"星机地综合定量遥感系统与应用示范"项目。产品生产以中国卫星数据为主、国外数据为辅（表1），利用多源协同定量遥感产品生产系统（MuSyQ），经过归一化处理形成了标准化、归一化的多源遥感数据集。经过多源数据协同反演生产了共性定量遥感产品，进而与专业模型结合，生产了定量遥感专题产品。

表1　生产陆表定量遥感产品所用数据信息列表

编号	卫星	传感器	空间分辨率	时间分辨率
1	Terra/Aqua	MODIS	1km	1天
2	FY-3A/B/C	MERSI/VIRR	1km	1天
3	HJ-1A/B	CCD1/CCD2	30m	8天
4	Landsat 8	OLI	30m	16天
5	ALOS	PALSAR	25m	46天
6	MST2	VISSR	5km	1小时
7	GF-1/2	PMS	1~8m	4天
8	GF-4	PMI	50m	0.5小时
9	HY-1A/B	COCTS	1.1km	1天
10	FY-2E	VISSR	5km	1小时
11	MTSAT-2	VISSR	5km	1小时
12	Meteosat-9	SEVIRI	3km	15分钟
13	GOES-13	Imager	5km	3小时
14	GOES-15	Imager	5km	3小时

"全球生态系统与表面能量平衡特征参量生成与应用"、"全球地表覆盖遥感制图与关键技术研究"等项目和团队生产并提供了部分陆表遥感产品。

1）地球观测系统Terra/Aqua卫星

美国地球观测系统（earth observation system，EOS）发射了一系列卫星，其中Terra、Aqua和Aura三颗卫星成为系列，分别于1999年12月18日、2002年5月4日和2004年7月15日发射成功，目前均处于正常运转中。

搭载在Terra和Aqua两颗卫星上的中分辨率成像光谱仪（moderate resolution imaging spectroradiometer，MODIS）是美国地球观测系统计划中用于观测全球生物和物理过程的重要仪器，具有36个中等分辨率水平（0.4～14μm）的光谱波段，地面空间分辨率分别为250m、500m和1000m，每1～2天对地球表面观测一次。MODIS的多波段数据可以同时提供反映陆地表面状况、云边界、云特性、海洋水色、浮游植物、生物物理、生物化学、大气水汽、气溶胶、地表温度、云顶温度、大气温度、臭氧和云顶高度等特征的信息，可用于对陆表、生物圈、固态地球、大气和海洋进行长期全球观测。

2）风云三号气象卫星（FY-3）

风云三号（简称FY-3）是中国第2代极地轨道气象卫星系列。FY-3A、3B和3C分别于2008年5月27日、2010年11月5日和2013年9月23日发射，目前FY-3B/C仍在轨运行。风云三号携带着多达11种有效载荷和90多种探测通道，可以在全球范围进行全天时探测。

中分辨率光谱成像仪（medium resolution spectral imager，MERSI）是风云三号携带的最重要的传感器之一。MERSI光谱范围为0.40～12.5μm，有20个波段，地面分辨率250m至1km，扫描宽度为2900km，每天至少可以对全球同一地区扫描2次。MERSI能高精度定量遥感云特性、气溶胶、陆地表面特性、海洋水色和低层水汽等地球物理要素，实现对大气、陆地、海洋的多光谱连续综合观测。

3）陆地卫星（Landsat）

Landsat是美国陆地探测卫星系统，1972年发射第一颗卫星Landsat 1，此后陆续发射了一系列陆地观测卫星，是目前在轨运行时间最长的光学陆地遥感卫星系列，成为全球广泛应用、成效显著的地球资源遥感卫星之一。

Landsat 7卫星于1999年发射，装备有增强型专题制图仪（enhanced thematic mapper plus，ETM+）设备，ETM+被动感应地表反射的太阳辐射和散发的热辐射，有8个波段的传感器，覆盖了从可见光到红外的不同波长范围，其多光谱数据空间分辨率为30m。目前最新的是Landsat 8，于2013年2月11号发射，携带有两个主要载荷：运营性陆地成像仪（operational land imager，OLI）和热红外传感器（thermal infrared sensor，TIRS），旨在长期对地进行观测，主要对资源、水、森林、环境和城市规划等提供可靠数据。OLI包括9个波段，空间分辨率为30m，其中包括一个15m的全色波段，成像宽幅为185km×185km。

4）中国环境减灾卫星（HJ-1）

HJ-1全称中国环境与灾害监测预报小卫星星座，是中国专用于环境与灾害监测预报的卫星，由A、B两颗中分辨率光学小卫星和一颗合成孔径雷达小卫星C星组成，主要用于对生态环境和灾害进行大范围、全天候动态监测，及时反映生态环境和灾害发生、发展过程，对生态环境和灾害发展变化趋势进行预测，对灾情进行快速评估，为紧急求援、灾后救助和重建工作提供科学依据。

星座采取多颗卫星组网飞行的模式，每两天就能实现一次全球覆盖。其中两颗中分辨率光学小卫星HJ-1A/B均装载CCD相机，A星还装载一台高光谱成像仪，B星装载一台红外多光谱相机。CCD相机有可见光和近红外四个波段，空间分辨率为30m，幅宽700km。

5）海洋一号卫星（HY-1）

海洋一号（HY-1）卫星是我国自主发射的海洋水色系列卫星，分别于2002年5月15日和2007年4月11日发射了HY-1A和HY-1B卫星。HY-1系列卫星主要用于海水光学特征、叶绿素浓度、海表温度、悬浮泥沙含量、可溶有机物和海洋污染物质的观测，并兼顾观测海冰、浅海地形、海流特征和海面上空大气气溶胶等要素，掌握海洋初级生产力分布、海洋渔业及养殖业资源状况和环境质量，了解重点河口港湾的悬浮泥沙分布规律，为海洋生物资源合理利用、沿岸海洋工程、河口港湾治理、海洋环境监测、环境保护和执法管理等提供科学依据和基础数据。

HY-1系列卫星主要装载两台遥感器，一台是十波段的海洋水色扫描仪，另一台是四波段的海岸带成像仪。水色扫描仪（COCTS）分别设置有八个可见光/近红外波段和两个热红外波段，地面分辨率为1.1km，扫描刈幅近3000km，主要用于全球水色探测。海岸带成像仪（CZI）配置有四个可见光通道，地面分辨率为250m，刈幅500km，主要应用于我国近海陆架和海岸带的动态监测，兼顾海洋和陆地监测。

6）北京一号小卫星（BJ-1）

北京一号是科技部和北京市联合发射的一颗具有中高分辨率双遥感器的对地观测小卫星，卫星重量166.4kg，轨道高度686km，中分辨率遥感器为32m多光谱，幅宽600km，高分辨率遥感器为4m全色，幅宽24km，卫星具有侧摆功能，在轨寿命5年（推进系统7年）。

7）高分卫星（GF-1/2/4）

高分一号（GF-1）卫星搭载了两台2m分辨率全色/8m分辨率多光谱相机，四台16m分辨率多光谱相机。卫星工程突破了高空间分辨率、多光谱与高时间分辨率结合的光学遥感技术，多载荷图像拼接融合技术，高精度高稳定度姿态控制技术，5～8年高寿命可靠卫星技术，高分辨率数据处理与应用等关键技术，对于推动我国卫星工程水平的提升，提高我国高分辨率数据自给率，具有重大战略意义（表2、表3）。

表2　GF-1卫星轨道参数

参　数	指　标
轨道类型	太阳同步回归轨道
轨道高度	645km
轨道倾角	98.0506°
降交点地方时	10：30 am
回归周期	41天

表3　GF-1卫星有效载荷参数

载荷	谱段号	谱段范围/μm	空间分辨率/m	幅宽/km	侧摆能力	重访时间/天
全色多光谱相机	1	0.45～0.90	2	60		
	2	0.45～0.52	8	60 （2台相机组合）		4
	3	0.52～0.59				
	4	0.63～0.69			±35°	
	5	0.77～0.89				
多光谱相机	6	0.45～0.52	16	800 （4台相机组合）		2
	7	0.52～0.59				
	8	0.63～0.69				
	9	0.77～0.89				

　　高分二号（GF-2）卫星是我国自主研制的首颗空间分辨率优于1m的民用光学遥感卫星，搭载有两台高分辨率1m全色、4m多光谱相机，具有亚米级空间分辨率、高定位精度和快速姿态机动能力等特点，有效地提升了卫星综合观测效能，达到了国际先进水平。高分二号卫星于2014年8月19日成功发射，8月21日首次开机成像并下传数据。这是我国目前分辨率最高的民用陆地观测卫星，星下点空间分辨率可达0.8m，标志着我国遥感卫星进入了亚米级"高分时代"。主要用户为国土资源部、住房和城乡建设部、交通运输部和国家林业局等部门，同时还可为其他用户部门和有关区域提供示范应用服务（表4、表5）。

表4　GF-2卫星轨道参数

参　数	指　标
轨道类型	太阳同步回归轨道
轨道高度	631km
轨道倾角	97.9080°
降交点地方时	10：30 am
回归周期	69天

表5　GF-2卫星有效载荷参数

载荷	谱段号	谱段范围/μm	空间分辨率/m	幅宽/km	侧摆能力	重访时间/天
全色多光谱相机	1	0.45～0.90	1	45 （2台相机组合）	±35°	5
	2	0.45～0.52	4			
	3	0.52～0.59				
	4	0.63～0.69				
	5	0.77～0.89				

高分四号卫星是中国第一颗地球同步轨道遥感卫星，采用面阵凝视方式成像，具备可见光、多光谱和红外成像能力，可见光和多光谱分辨率优于50m，红外谱段分辨率优于400m，设计寿命8年，通过指向控制，实现对中国及周边地区的观测。

8）风云二号气象卫星（FY-2E）

风云二号卫星为我国的第一代地球静止卫星，目前在轨运行，并提供应用服务的是02批3颗卫星FY-2C、FY-2D、FY-2E和03批的1颗卫星FY-2F，分别于2004年10月19日、2006年12月8日、2008年12月23日和2012年1月13日发射成功。风云二号卫星被世界气象组织纳入全球地球观测业务卫星序列，成为全球地球综合观测系统（GEOSS）的重要成员。

FY2E星搭载有四个红外通道，分别是IR1长波红外通道、IR2红外分裂窗、IR3水汽通道、IR4中红外通道，以及一个可见光通道。其主要技术指标如表6所示。

表6　FY-2卫星有效载荷参数

通道	波段/μm	星下点分辨率/km	用途
可见光	0.55～0.90	1.25	白天的云、雪、水体
红外1	10.3～11.3	5	昼夜云、下垫面温度、云雪区分
红外2	11.5～12.5	5	昼夜云
红外3	6.3～7.6	5	半透明卷云的云顶温度、中高层水汽
红外4	3.5～4.0	5	昼夜云、高温目标

9）多功能卫星（MTSAT-2）

日本的MTSAT-2作为MTSAT-1R的后继星，于2006年2月18日由种子岛航天中心发射升空，卫星位于近地点为249km，远地点为35888km，倾角为28.5°的地球同步轨道，卫星定位于140°E。MTSAT-2卫星用于气象观测，可在夜间辨别底层云雾，评估海面温度。

MTSAT-2星与MTSAST-1R都采用三轴姿态稳定，装载了5通道的可见光和红外扫描成像仪。可见光分辨率为1km，红外通道分辨率为4km，可见光和红外量化等级均提高到10bit。其性能参数如表7所示。

表7　MTSAT-2卫星有效载荷参数

通道	波段/μm	星下点分辨率/km	用途
可见光	0.55～0.90	1	白天的云、雪、水体
红外1	10.3～11.3	4	云顶温度、地表面温度、海面温度
红外2	11.5～12.5	4	
红外3	6.5～7.0	4	水汽含量
红外4	3.5～4.0	4	夜间云量，下层云雾

10）第二代地球静止卫星（Meteosat-9）

欧洲第二代静止气象卫星Meteosat-9于2005年12月21日发射成功，旨在在现有基础上为欧洲气象预报员提供连续的天气图像。Meteosat-9在欧洲区域提供快速扫描模式（5分钟成像一次），在整个欧非区域每15分钟成像一次。Meteosat-9搭载了可见/红外成像仪（SEVIRI）和地球能量收支传感器（GERB）。SEVIRI传感器有12个可见/红外通道，能提供反映地表状况、云特性、大气水汽、气溶胶、臭氧、二氧化碳、地表温度、云顶温度和云顶高度等特征的信息。GERB用来探测大气层顶的长波和短波收支。GERB有3个宽波段：可见光通道、水汽吸收通道、热红外通道，分辨率为45km×40km（表8）。

表8　Meteosat-9 SEVIRI参数

波段	波段范围/μm	空间分辨率/km	时间分辨率/分钟
可见近红外	VIS:0.6，VIS:0.8，NIR:1.6	3	15
短波红外	IR:3.9，WV:6.2，WV:7.3	3	15
热红外	8.7，9.7，10.8，12.0，13.4	3	15
高分辨率可见光HRV	0.5～0.9	1	15

11）地球静止业务环境卫星（GOES-13/15）

美国GOES系列卫星由NESDIS运行，用于支持天气预报、台风监测和气象研究。GOES-12以后的卫星上搭载了可见/红外成像仪（Imager）、大气垂直探测仪（Souder）。其中可见/红外成像仪有1个可见波段和4个红外波段，波段范围分别为0.52～0.71μm、3.73～4.07μm、13.0～13.7μm、10.20～11.20μm和5.80～7.30μm，空间分辨率分别为1km、4km、8km、4km、4km和4km。大气垂直探测仪有18个红外通道和1个可见光通道，空间分辨率为8km。GOES-13和GOES-15分别位于75°W和135°W的赤道上空，称为GOES-East和GOES-West卫星，可对同一区域从不同角度进行成像。

2. 陆地遥感专题产品

1）地表反射率

地表反射率（land surface reflectance）是指地表物体向各个方向上反射的太阳总辐射通量与到达该物体表面上的总辐射通量之比。在遥感领域中，地表反射率通常指可见光-近红外谱段的遥感数据经大气校正后得到的反射率，通常为方向反射率，是在太阳和传感器位置确定情况下的地表反射率。本报告生产的2014年地表反射率产品空间范围覆盖全球，空间分辨率为1km，时间分辨率为3小时。

2）地表反照率

地表反照率（land surface albedo）定义为在半球空间内地表反射的所有辐射能量与所有入射能量之比，反映了地球表面反射太阳辐射的能力，广泛应用于地表能量平衡、中长期天气预报和全球变化研究中。本报告生产的2014年地表反照率产品空间范围覆盖全球，空间分辨率为1km，时间分辨率为3小时。

3）下行短波辐射

短波辐射，一般指的是0.3～4μm的太阳辐射能量。太阳辐射能在可见光波段（0.4～0.76μm）、红外波段（>0.76μm）和紫外波段（<0.4μm）部分的能量分别占50%、43%和7%，即集中于短波波段，故将太阳辐射称为短波辐射。下行短波辐射是指太阳辐射穿过大气层，被大气吸收、散射，以及经过地表-大气间的多次散射后，最终到达地表部分的太阳辐射能。本报告生产的2014年下行短波辐射产品空间范围覆盖"一带一路"监测区域，空间分辨率为5km，时间分辨率为3小时。

4）光合有效辐射

光合有效辐射（photosynthetically active radiation，PAR）指400～700nm的太阳辐射能量，是绿色植物光合作用的能量来源。光合有效辐射距平是当年光合有效辐射相比过去13年平均光合有效辐射的变幅百分比。根据遥感产品与ECMWF大气再分析数据获取，遥感产品与地面实测数据相比，晴天条件下均方根误差为25.9W/m²，决定系数为0.98，阴天条件下均方根误差为50.6W/m²，决定系数为0.87。本报告生产的2014年光合有效辐射产品空间范围覆盖"一带一路"监测区域，空间分辨率为5km，时间分辨率为3小时。

5）蒸散

蒸散（evapotranspire，ET）是土壤–植物–大气连续体中水分运动的重要过程，包括蒸发和蒸腾，蒸发是水由液态或固态转化为气态的过程，蒸腾是水分经由植物的茎叶散逸到大气中的过程。根据遥感产品和ECMWF大气再分析数据获取。本报告生产的2014年蒸散产品空间范围覆盖全球，空间分辨率为1km，时间分辨率为1天。

6）水分盈亏

水分盈亏反映了不同气候背景下大气降水的水分盈余亏缺特征，是指降水与蒸散之间的差值。本报告生产的2014年水分盈亏产品空间范围覆盖全球，空间分辨率为1km，时间分辨率为1天。

7）植被指数

不同波段的植被-土壤系统的反射率因子以一定的形式组合成一个参数时与植被特性参数形成函数关联，从而表征植被的生长状况，这种比值比单一波段更稳定、可靠。我们把这种多波段反射率因子的组合统称为植被指数。归一化差值植被指数（normalized difference vegetation index，NDVI）和增强植被指数（enhanced vegetation index，EVI）是其中比较常用的两个植被指数，其定义分别为

$$NDVI = \frac{NIR-R}{NIR+R} \tag{1}$$

$$EVI = \frac{G*(NIR-R)}{NIR + C_1*R - C_2*B + L} \tag{2}$$

式中，NIR、R、B分别为近红外、红和蓝波段的地表反射率；G、C_1、C_2和L为常数。本报告分别生产了2014年覆盖全球的EVI和NDVI产品，空间分辨率均为1km，时间分辨率均为5天。

8）植被覆盖度

植被覆盖度（vegetation coverage，VC）是衡量地表植被状况的一个最重要指标，指植被冠层或叶面在地面的垂直投影面积占植被区总面积的比例，根据遥感产品获取，经地面实测数据验证，标准偏差0.078，决定系数达到0.821。本报告中基于遥感技术提取的植被覆盖为绿色植被冠层占像元的比例。本报告生产的全球1km植被覆盖度产品分为两种：一是2000～2014年长时间序列数据，时间分辨率为8天；二是2014年植被覆盖度产品，时间分辨率为5天。

9）叶面积指数

叶面积指数（leaf area index，LAI）又称叶面积系数，是指单位土地面积上植物所有叶片表面积之和的一半，即叶面积指数=叶片表面积之和的一半/土地面积。植被最大叶面积指数（max leaf area index，MLAI）指某一段时间内叶面积指数达到的最大值。本报告中特指在每个年度的生长季中植被叶面积指数的最大值。本报告生产的全球1km叶面积指

数产品分为两种：一是2000～2014年长时间序列数据，时间分辨率为8天；二是2014年叶面积指数产品，时间分辨率为5天。

10）光合有效辐射吸收比例

光合有效辐射吸收比例（fraction of absorbed photosynthetically active radiation，FPAR）是植被吸收光合有效辐射占到达植被冠层顶部的光合有效辐射的比例。本报告生产的2014年FPAR产品空间范围覆盖全球，空间分辨率为1km，时间分辨率为5天。

11）植被净初级生产力

植被净初级生产力是反映植被固碳能力的指标之一，是评估植被固碳能力和碳收支的重要参数，指绿色植物在单位时间、单位面积上所累积的有机物质量，是由光合作用所产生的有机质总量中扣除自养呼吸后的剩余部分。根据遥感数据获取，经与MODIS同类产品进行交叉验证，精度相当，但时间分辨率更高，能够反映出植被生产力更加细微的时间变化情况。本报告生产的2014年植被净初级生产力产品空间范围覆盖全球，空间分辨率为1km，时间分辨率为5天。

12）森林地上生物量

森林地上生物量是森林生态系统最基本的数量特征，指某一时刻森林活立木地上部分所含有机物质的总干重，包括干、皮、枝、叶等分量，用单位面积上的质量表示。用森林地上生物量生长量表示一定时间内单位面积森林地上生物量的净增加量。森林生物量不仅是估测森林碳储量和评价森林碳循环贡献的基础，也是森林生态功能评价的重要参数。

结合遥感数据与地面数据获取，中国境内以第八次森林清查数据作为验证数据，决定系数>0.8，境外以联合国粮食与农业组织（FAO）参考数据比较，精度相当。本次生产2005年、2010年和2014年全球森林生物量专题产品，使用的基础数据源主要包括星载激光雷达GLAS数据、全球生态区划矢量数据、光学遥感MODIS数据。通过计算样地生物量、GLAS光斑点生物量、基于SVR全球地上生物量建模、基于BEPS模型更新获得森林生物量。生产的森林生物量空间分辨率为1km，覆盖范围为60°S～80°N。

13）农作物产量和面积

基于上一年度的作物产量，通过对当年作物单产和面积相比于上一年变幅的计算，估算当年的作物产量。计算公式如下：

$$总产_i = 总产_{i-1} * (1 + \Delta 单产_i) * (1 + \Delta 面积_i) \tag{3}$$

式中，i为关注年份，分别为当年单产和面积相比于上一年的变化率。对于中国，各种作物的总产通过单产与面积的乘积进行估算，公式如下所示：

$$总产 = 单产 * 面积 \tag{4}$$

对于31个粮食主产国，单产的变幅是通过建立当年的NDVI与上一年的NDVI时间序列函数关系获得。计算公式如下：

$$\Delta 单产_i=f\left(\text{NDVI}_i,\text{NDVI}_{i-1}\right) \tag{5}$$

式中，NDVI_i和NDVI_{i-1}为当年和上一年经过作物掩膜后的NDVI序列空间均值。综合考虑各个国家不同作物的物候，可以根据NDVI时间序列曲线的峰值或均值计算单产的变幅。本报告生产的2014年农作物产量和面积统计数据主要涵盖全球粮食主产区。

14）复种指数

复种指数（cropping index，CI）能够反映耕地的利用强度，指在同一田地上一年内接连种植两季或两季以上作物的种植方式，描述耕地在生长季中利用程度的指标，通常以全年总收获面积与耕地面积比值计算，也可以用来描述某一区域的粮食生产能力。年报采用经过平滑后的MODIS时间序列NDVI曲线，提取曲线峰值个数、峰值宽度和峰值等指标，计算耕地复种指数，利用中国境内监测站点验证，总体精度为96%。本报告生产的2014年耕地复种指数产品空间范围覆盖全球粮食主产区，空间分辨率为1km。

15）沙漠分布

沙漠指地面完全被沙所覆盖、植物非常稀少、雨水稀少、空气干燥的荒芜地区。沙漠地区是干旱缺水、植物稀少的地区，主要由沙丘组成的地表结构区域。沙漠作为贫瘠的土地支持生活的能力有限，生态环境脆弱。沙漠不仅是估测区域内土地可利用程度的基础，也是生态功能评价的重要参数。

沙漠分布产品结合遥感数据与地面数据获取，根据ArcGIS中2m高分数据作为验证数据，以olson中沙漠信息数据参考比较，精度与其相当。本次生产2015年全球沙漠分布专题产品，使用的基础数据源主要包括MODIS NBAR 2015年数据、全球2010年土地利用数据、STRM 90m数字高程模型（DEM）数据。通过计算颗粒指数（grain size index，GSI），植被覆盖度和坡度数据，基于SVM/NNC分类，建立决策树获得沙漠分布区域。沙漠分布产品分辨率为500m，覆盖范围为40°S～50°N，20°W～140°E。

16）土地退化

土地退化（land degradation）是在自然或人为作用下，一个地区的生物生产潜力显著下降的过程。植被退化与土壤退化是土地退化的不同表现侧面，这两种过程既相互作用，又相互联系。传统的分析土壤理化特征指标的方法更适于小尺度的土地退化监测评价，不太适用于较大尺度土地退化评价，而对于特定的区域，植被的生长状态变化是对土地退化最为敏感也最为直接的反应，最直接的表现是植被指标的下降，更适用于大尺度土地退化评价。

年报中土地退化产品是在对全球旱区土地退化评价项目（global land degradation assessment in drylands，GLADA）的土地退化评价方法进行改进的基础上，基于MODIS13A3的月度NDVI数据（分辨率0.0083°），结合同期的全球陆面数据同化系统（global land data assimilation system，GLDAS）中的月度降水数据（分辨率0.25°）和中国区域高时空分辨率地面气象要素驱动数据集2001～2012年月度的降水数据（分辨率0.1°），对近14年中全球退化土地进行了识别。

135

17）土地覆盖

土地覆盖（land cover，LC）是自然营造物和人工建筑物所覆盖的地表诸要素的综合体，包括地表植被、土壤、湖泊、沼泽湿地及各种建筑物，具有特定的时间和空间属性，其形态和状态可在多种时空尺度上变化。土地覆盖是随遥感技术发展而出现的一个新概念，其含义与"土地利用"相近，土地覆盖侧重于土地的自然属性，土地利用侧重于土地的社会属性，对地表覆盖物（包括已利用和未利用）进行分类。

年报土地覆盖数据采用改自中国30m全球土地覆盖分类系统的8个类型（包括农田、森林、草地、灌丛、水面、不透水层、裸地、冰雪）的方案，数据空间分辨率为250m，覆盖范围为60°S～85°N。土地覆盖制图流程分为三个步骤：2010年基准土地覆盖图生成、样本采集、2014年土地覆盖图更新。全球土地覆盖制图结果采用一批验证样本来检验，制图总体精度为74%，其中，农田的平均精度为67%，森林的平均精度为84%，草地的平均精度为59%，灌丛的平均精度为61%，水面的平均精度为79%，不透水层平均精度为52%，裸地的平均精度为88%，冰雪的平均精度为62%。由于在中低分辨率遥感制图中，水面与云阴影、山体阴影极易产生混淆（三者反射率都较低），水面在局部区域存在高估的现象（表9）。

表9 精度评价混淆矩阵

	农田	森林	草地	灌丛	水体	不透水层	裸地	冰雪	总数	UA/%
农田	895	73	98	76	1	8	2	0	1153	78
森林	204	4302	343	488	29	5	1	10	5382	80
草地	316	246	1522	374	31	5	7	8	2509	61
灌丛	130	291	317	1585	10	2	2	1	2338	68
水体	0	0	0	1	161	0	0	0	162	99
不透水层	4	2	2	1	0	17	1	0	27	63
裸地	56	5	319	381	30	4	2820	18	3633	77
冰雪	0	8	26	5	15	0	0	73	127	57
总数	1605	4927	2627	2911	277	41	2833	110	15331	
PA/%	56	87	58	54	58	41	100	66		74

18）土地利用程度指数

土地利用程度指土地垦殖率、土地利用率和耕地复种指数，以及土地利用投入产出等状况。年报土地利用程度计算所使用的基础数据为2014年250m分辨率的土地覆盖类型空间分布数据，其数量化基础建立在土地利用程度的极限上，土地利用的上限，即土地资源的利用达到顶点，人类一般无法对其进行进一步的利用；而土地利用的下限，即为人类对土地资源利用的起点。根据以上特点，将4种土地利用的理想状态定为4种土地利用级，并对4种土地利用级赋予其本身类别的值，则得到4种土地利用程度的分级指数，如表10所示。

表10　土地利用程度分级赋值表

类型	未利用土地级	林、草、水用地级	农业用地级	城镇聚落用地级
土地利用类型	未利用地或难利用地	林地、草地、水域	耕地、园地、人工草地	城镇、居民点、工矿用地、交通用地
分级指数	1	2	3	4

表10中的4种土地利用级仅是4种理想型，在实际状态下，这4种类型通常是混合存在于同一地区，各自占据不同的面积比例，并对当地土地利用程度，按其权重，作出贡献。据此，土地利用程度的综合量化指标必须在此基础上进行数学综合，形成一个在1～4连续分布的综合指数，其值的大小则综合反映了某一地区土地利用程度。由此可知，数量化的土地利用程度综合指数是一个威弗（Weaver）指数。考虑到地理信息系统中处理的方便，在按分级赋值计算的基础上乘上100，则其计算方法如下：

$$L_a = 100 \times \sum_{i=1}^{n} (A_i \times C_i)$$
$$L_a \in 100, 400$$
（6）

式中，L_a为土地利用程度综合指数；A_i为第i级的土地利用程度分级指数；C_i为第i级土地利用程度分级面积百分比。

根据式（6）可知，土地利用程度综合量化指标体系是一个从100～400连续变化的指标。为了使该指标更易于理解，应用以下公式将土地利用程度归一化到[0，1]范围内。有

$$L_a' = (L_a - 100) / 300$$
（7）

由于土地利用程度综合指数是一个取值区间为[0，1]之间的连续函数，在一定的单位栅格区域内，综合指数的大小反映了土地利用程度的高低，在此基础上，任何地区的土地利用程度均可以通过计算其综合指数的大小而得到。

19）城市不透水层和绿地

首先在2010年30m土地覆盖分类产品"人造表面"的基础上，通过人工目视解译确定2014/2015年重点城市边界（建成区边界），解译过程中重点关注城市扩展，城市周边的农田等其他地类尽量不要画到城市中去。然后在城市范围内，使用多时相Landsat 8 OLI遥感数据，利用监督分类的方法进行分类，主要分为城市不透水层、绿地、水体和裸地，形成重要内陆节点城市和港口的不透水层产品和绿地产品。

20）海岸线

海陆边界具有瞬时性和动态性特征，实际应用中多采用指示海岸线，如平均高潮线、瞬时高潮线、低潮线、干湿分界线、植被线、杂物线、滩脊线等。本报告采用平均高潮

线，基于Landsat 8 OLI数据提取其分布位置，并区分海岸线的自然状态与人为利用方式，将其分为8个类型（表11），分别是自然岸线、丁坝突堤、港口码头、围垦中岸线、养殖岸线、盐田岸线、交通岸线和防潮堤岸线。部分港口属于河港类型，如加尔各答港、曼谷港，此类港口根据其港口位置沿主要通航河道适当延伸提取岸线，其岸线分类系统暂按海岸线类型划分。

表11　海岸线分类体系

	岸线类型	说明
自然类型	自然岸线	尚未被利用的且没有任何形式围堤的海岸线
人工类型	丁坝突堤	与海岸呈一定角度向外伸出，具有保滩和挑流作用的护岸建筑物；突堤：一端与岸连接，另一端伸入海中的实体防浪建筑物
	港口码头	港池与航运码头形成的岸线
	围垦中岸线	正在建设中的围海堤坝
	养殖岸线	用于养殖的人工修筑堤坝
	盐田岸线	用于盐碱晒制而围垦的堤坝
	交通岸线	用于交通运输的人工修筑堤坝
	防潮堤岸线	分隔陆域和水域的其他海堤护岸工程（非养殖区、非盐田区，且交通功能不显著的海堤/海塘工程）

3. 海洋遥感专题产品

采用的原始卫星数据为Aqua/MODIS遥感产品，包括美国航天航空局发布的全球9km分辨率的月平均叶绿素浓度、海表温度、海面光合有效辐射、443nm水体遥感反射率/吸收系数/颗粒后向散射系数，以及俄勒冈大学发布的全球9km分辨率的月平均海洋NPP及叶绿素浓度（用于修正初级生产力模型）。在此基础上，生产"一带一路"海域的海表温度、光合有效辐射、海水透明度、叶绿素浓度和NPP产品（表12）。

表12　原始卫星数据产品

遥感数据	传感器	卫星	时间范围	时间分辨率	空间范围	空间分辨率/km	来源
叶绿素浓度	MODIS	Aqua	2003～2014年	月平均	全球	9	NASA*
海表温度	MODIS	Aqua	2003～2014年	月平均	全球	9	NASA
光合有效辐射	MODIS	Aqua	2003～2014年	月平均	全球	9	NASA
水体遥感反射率（443nm）	MODIS	Aqua	2003～2014年	月平均	全球	9	NASA
水体吸收系数（443nm）	MODIS	Aqua	2003～2014年	月平均	全球	9	NASA
水体颗粒后向散射系数（443nm）	MODIS	Aqua	2003～2014年	月平均	全球	9	NASA
净初级生产力	MODIS	Aqua	2003～2014年	月平均	全球	9	俄勒冈大学**
叶绿素浓度（用于校正净初级生产力）	MODIS	Aqua	2003～2014年	月平均	全球	9	俄勒冈大学

注：*网址:http://oceandata.sci.gsfc.nasa.gov/MODISA/Mapped/Monthly/9km；**网址:http://orca.science.oregonstate.edu/2160.by.4320.monthly.hdf.ngpm.m.chl.m.sst.php.

1）叶绿素浓度

叶绿素是浮游植物进行光合作用的主要色素，在光合作用的光吸收中起核心作用，包括叶绿素a、叶绿素b、叶绿素c等。由于所有浮游植物中均含有叶绿素a，通常可利用叶绿素a浓度来表征叶绿素浓度水平。叶绿素a在蓝光（440nm附近）吸收较强，而在绿光（550nm附近）吸收较弱，通过水色卫星遥感器探测这两个波段的光谱辐亮度，经过大气校正处理，利用蓝绿波段比值法可反演出海水表层的叶绿素a浓度。

2）海表温度

海表温度指海水的表皮温度，可利用红外辐射计在卫星平台上进行对地观测，通过大气水汽吸收纠正等处理，反演得到海表温度，精度可达0.5K。

3）光合有效辐射

海面光合有效辐射是指到达海面的下行太阳光谱辐射中，能被海洋浮游植物光合作用所利用的能量强度，波长范围通常为400～700nm。水色卫星遥感器通过探测多个波段的光谱辐亮度，反演出大气透过率，获得各波段到达海面的辐照度，并进行波长积分和日长积分，得到海面光合有效辐射，单位为$E/(m^2 \cdot d)$。

4）水体遥感反射率

水体遥感反射率为水里出射的不同波长离水辐亮度与水面下行辐照度的比值，单位为sr^{-1}。通过水色卫星探测大气顶向上的光谱辐亮度，经过大气校正，可反演获得离水辐亮度和水面下行辐照度，进而得到水体遥感反射率。

5）水体吸收系数

水体吸收系数表征单位厚度水体对不同波长光的吸收能力，单位为m^{-1}。水体吸收系数主要由纯水、浮游植物、有机碎屑、溶解有机物的光吸收组成。通过水色卫星遥感获得的水体遥感反射率，可反演得到水体吸收系数。

6）水体颗粒后向散射

水体颗粒后向散射表征单位厚度水体中颗粒对不同波长光的后向散射能力，单位为m^{-1}。水体颗粒后散射系数主要由浮游植物、无机泥沙的光散射组成。通过水色卫星遥感获得的水体遥感反射率，可反演得到水体颗粒后向散射系数。

7）净初级生产力

海洋净初级生产力是指海洋初级生产力扣除浮游植物呼吸作用消耗有机碳的剩余部分。利用卫星遥感反演获得的海水表层叶绿素浓度、海表温度和海面光合有效辐射，可估算出净初级生产力。目前，应用最广泛的全球海洋净初级生产力遥感产品是由VGPM算法反演获得。

8）海洋浮游植物

海洋浮游植物是指水体中浮游的微型植物，通常为藻类，包括蓝藻、绿藻、硅藻、金藻、黄藻、甲藻、隐藻和裸藻八大门类，约4万种。海洋中的浮游植物根据粒径大小可分为三类，即微微型浮游植物（$\leq 2\mu m$）、微型浮游植物（$2\sim20\mu m$）和小型浮游植物（$\geq 20\mu m$）。

9）海水透明度

海水透明度表示水中物体的能见度。在实际测量中，海水透明度是指利用直径30cm的白色圆盘（透明度盘）垂直下放直至肉眼刚好看不见，此时的深度即为水体的透明度，单位为m。采用半分析遥感模型反演全球海水透明度：

$$SDD = \frac{1}{4(a+b_b)} \ln\left(\frac{\rho_d \alpha\beta}{C_e R}\right) \tag{8}$$

式中，SDD为海水透明度；a和b_b分别为水体总吸收系数和后向散射系数，由443nm吸收系数、颗粒后向散射系数计算得到；α和β分别为水面折射、反射影响系数（$\alpha\beta\approx0.15$）；ρ_d为透明度盘上表面反射率（-0.82）；C_e为人眼对比度阈值（-0.02）；R为水次表面的反照率，可由水面遥感反射率计算得到：

$$R = \frac{QR_{rs}}{0.52 + 1.7R_{rs}} \tag{9}$$

式中，Q为水次表面上行辐照度与向上辐亮度的比值（-4.0）；R_{rs}为获取的443nm遥感反射率。半分析海水透明度遥感模型已经过大量实测数据的验证，结果表明，遥感反演的平均相对误差为22.6%。

4. 其他参考数据

1）遥感夜间灯光数据

夜间灯光数据由美国国防气象卫星（defense meteorological satellite program，DSMP）提供，该传感器具有较强的光电放大能力，已广泛应用于城镇灯光探测工作，可以综合反映交通道路、居民地等与人口、城市因子相关的信息。本报告使用2000～2013年的"稳定灯光数据"产品，该产品空间分辨率为30″，覆盖范围为–180°W～180°E，65°S～75°N，值域为0～63。另外，本报告对灯光数据时间序列进行最小二乘回归，并将回归直线的斜率定义为"灯光变化率"。

2）高程模型数据

年报使用的数字高程模型数据（DEM）是由美国地质调查局（USGS）生产的GMTED2010（global multi-resolution terrain elevation data 2010）数据，该产品有多个数据源，包括航天飞机雷达测图计划（SRTM）、加拿大高程数据、SPOT 5参考3D数据、NASA的ICESat数据等。本年报中使用的DEM数据空间分辨率为30″，覆盖范围为84°N～90°S的陆地。陆海地形特征分析选用英国海洋学数据中心（http://www.bodc.ac.uk/）提供下载的全球30弧秒DEM数据，该数据集成了经过严格质量控制的船测水深数据、卫星监测的重力分布数据等，经过整合而形成全球范围的地形信息。

3）保护区数据

年报中保护区边界的数据来自世界保护区数据库（WDPA），WDPA是全球保护区的核心数据库，是根据诸多来源的资料编辑而成，其数据源来自世界保护联盟世界保护区委员会、联合国环境规划署世界保护监测中心、国际动植物区系协会、美国大自然保护协会，野生生物保护协会、世界资源研究所和世界自然基金会等，是保护区数据最完整的汇集处。

4）气温

气温是植被生长的热量条件，平均气温指一年内气温观测值的算术平均值，气温距平是当年平均气温相比过去13年平均气温的变幅。气温数据根据美国国家气候中心（NCDC）生产的全球地表日数据集（GSOD）获取，通过GSOD数据集计算出旬平均气温，考虑高程对温度的影响，结合STRM_DEM数据使用克里金插值法得到0.25°×0.25°的月气温产品。年报生产的气温产品为覆盖全球的旬产品，产品时间范围为2014年。

5）降水量

降水量是区域水分补给的重要来源，以降水和降雪为主。降水量指一定时段内（日降水量、月降水量和年降水量）降落在单位面积上的总水量，用毫米深度表示，降水距平是当年降水相比过去13年平均降水的变幅百分比。根据TRMM卫星遥感降水产品和ECMWF大气再分析数据获取，年报生产了2014年的年降水产品，空间分辨率为0.25°×0.25°，覆

141

盖范围为90°N～50°S的陆地。该产品有两个数据源：①第7版的热带测雨卫星（TRMM）遥感降水数据集，空间分辨率为0.25°×0.25°，覆盖范围为50°N～50°S；②气象存档与反演系统产品，空间分辨率为0.25°×0.25°，覆盖范围为50°～90°N。

6）气候区划数据

参考柯本-盖格（Köpen Geiger）气候带分类体系，结合亚洲热带湿润、半湿润生态地理区区域界线数据，对气候类型进行划分。柯本-盖格气候分类法由德国气候学家柯本于1900年创立。经过多次修改，已成为世界上使用最广泛的气候分类法。以气温和降水为指标，并参照自然植被的分布进行气候分类。全球共分为冬干冷温气候、冬干温暖气候、冰原气候、地中海式气候、夏干冷温气候、常湿冷温气候、常湿温暖气候、荒漠气候、热带季风气候、热带干湿气候、热带雨林气候、苔原气候和草原气候13个类别。

7）生态功能区划数据

生态功能区划数据参考联合国粮农组织（FAO）的生态功能区划分类体系进行生态功能类型划分。

8）统计数据

统计数据包含人口、GDP、进出口贸易等统计资料，统计资料分别来自"国际统计年鉴"、"世界银行WDI数据库"和"中国统计年鉴"。

第二部分
全球大宗粮油
作物生产形势

全球生态环境
遥感监测
2015
年度报告

全球生态环境
遥感监测
2015
年度报告

一、引　言

1.1　背景与意义

粮油作物及其产品是人类生存的物质基础，事关国家的经济、政治和社会安全。在《全球生态环境遥感监测2013年度报告》中的大宗粮油作物生产形势与《全球生态环境遥感监测2014年度报告》中的大宗粮油作物生产形势发布的基础上，2015年度报告继续关注大宗粮油作物长势及生产形势，监测作物包括全球产量最高的玉米、小麦和水稻三种谷物，以及全球最重要的油料作物大豆。

遥感技术是在全球范围内实现宏观、动态、快速、实时、准确的生态环境动态监测不可或缺的手段，已广泛应用于大宗粮油作物长势监测与产量估测。中国科学院遥感与数字地球研究所于1998年建立了全球农情遥感速报系统（CropWatch）。该系统以遥感数据为主要数据源，以遥感农情指标监测为技术核心，仅结合有限的地面观测数据，构建了不同时空尺度的农情遥感监测多层次技术体系，利用多种原创方法及监测指标及时客观地评价粮油作物生长环境和大宗粮油作物生产形势，已经成为地球观测组织/全球农业监测计划（GeoGLAM）的主要组成部分。CropWatch以全球验证为精度保障，实现了独立的全球大范围的作物生产形势监测与分析，与欧盟的MARS[①]和美国农业部的Crop Explorer系统并称为全球三大农情遥感监测系统，为联合国粮农组织农业市场信息系统（AMIS）提供粮油生产信息。

年报利用多源遥感数据，基于CropWatch对2015年度全球农业气象条件、全球农业主产区粮油作物种植与胁迫状况，以及全球粮食生产形势进行监测和分析，报告中的数据独立客观地反映了2015年全球不同国家和地区的大宗粮油作物生产状况。年报对增强全球粮油信息透明度，保障全球粮油贸易稳定与全球粮食安全具有重要参考价值。

年报基于2015年《全球农情遥感速报》四期季报撰写完成，季报已通过纸质版和CropWatch网站（http://www.cropwatch.com.cn/）发布，网站上还提供了大量详细的数据产品和方法介绍。

1.2　数据与方法概述

全球大宗粮油作物生产形势遥感监测所使用的遥感数据包括中国环境与减灾监测预报小卫星星座（HJ-1A/B）、高分一号（GF-1）、资源一号（ZY-1）02C星、资源三号（ZY-3）、

---

① 农业资源报告。

风云二号（FY-2）、风云三号（FY-3）气象卫星，以及美国对地观测计划系统的陆地星和海洋星的中分辨率成像光谱仪（MODIS）、热带测雨卫星（TRMM）数据。分析过程所使用的参数数据包括归一化植被指数（NDVI）、气温、光合有效辐射（PAR）、降水、植被健康指数（VHI）、潜在生物量等，在此基础上采用农业气象指标、复种指数（CI）、耕地种植比例（CALF）、最佳植被状况指数（VCIx）、作物种植结构、时间序列聚类分析，以及NDVI过程监测等方法进行四种大宗粮油作物（玉米、小麦、水稻和大豆）的生长环境评估、长势监测及生产与供应形势分析。附录对以上各数据产品、方法，以及年报的监测期进行了定义与介绍，对年报所使用的空间单元的定义、各遥感指标的详细介绍和产品示例请参阅CropWatch网站的在线资源部分。

1.3 监测期

除特别说明外，本年报的监测时间范围均为2015年1月～2016年1月。动态监测时将全年分为四个监测期（1～4月、4～7月、7～10月和10～次年1月），农业气象指标监测期分为2015年全年、2015年4～9月（北半球秋收作物生育期和南半球夏收作物生育期），以及2014年10月～2015年6月（北半球夏收作物生育期及南半球秋收作物生育期）三个时间段，监测时段的设置与南北半球作物物候期和主要生育期相对应。

遥感获取的农业气象指标（包括降水、气温和PAR）及VHI的历史监测时间范围为2001～2014年，距平对比分析采用的是2015年与2001～2014年的平均值进行比较。

考虑到农业活动对经济社会活动和其他限制指标（如环境胁迫）的动态响应和快速适应，农情遥感指标（包括潜在生物量、NDVI、CALF、VCIx、CI）的历史监测范围为2010～2014年，距平对比分析是将2015年的指标值与2010～2014年的平均值进行对比。

二、全球农业气象条件遥感监测

农业生态区是本年报全球农情分析大尺度的标准空间单元。基于全球65个农业生态区，对农业环境指标异常的区域进行重点分析。每个环境指标都基于农业生态区的农业种植区域，统计2015年全年（2015年1～12月）、北半球夏收和南半球秋收作物生育期（2014年10月～2015年6月）与北半球秋收和南半球夏收作物生育期（2015年4月～2015年9月）的环境指标，并与2001～2014年的平均值进行对比，计算每种指标在2015年的变化异常值。其中温度、降水和光合有效辐射是2015年与过去14年（2001～2014年）平均值对比变化异常，潜在累积生物量是2015年与过去5年（2010～2014年）平均值对比变化异常，农业生态区的划分及环境指标的计算方法及结果可访问CropWatch网站。

2015年，厄尔尼诺现象表现较为明显，从2015年3月起逐渐出现，5～10月是强厄尔尼诺发生时段，11月之后强度逐渐减弱。表2-1列出了本报告的农气条件监测时段。

表2-1　全球生态环境遥感监测2015年度报告农气条件监测时段

2014年			2015年											
10月	11月	12月	1月	2月	3月	4月	5月	6月	7月	8月	9月	10月	11月	12月
			全年											
北半球夏收和南半球秋收作物生育期														
						北半球秋收和南半球夏收作物生育期								
							强厄尔尼诺现象发生时段							
10月	11月	12月	1月	2月	3月	4月	5月	6月	7月	8月	9月	10月	11月	12月

2.1　2015年全年农业气象条件

2015年1～12月全球农业气象条件主要受到降水的影响。

2.1.1　降水充沛区域

部分地区降水充沛，显著高于过去14年平均，有利于当地作物的生长，主要有以下三个地区（图2-1～图2-4）。

（1）北美：在不列颠哥伦比亚至科罗拉多地区，降水偏高35%，北部大平原地区，降水偏高45%，墨西哥南部及北部高原，降水偏高41%。这些地区降水充沛，光合有效辐射有所降低。受降水影响，整个美国地区，潜在累积生物量较过去5年升高了24%。

（2）从非洲北部半干旱区至亚洲中、东部：第二个降水显著偏高的地区出现在亚洲，特别是中国长江下游地区、内蒙古地区、亚帕米尔地区和乌拉尔山脉至阿尔帕山脉地区，这些地区降水较过去14年偏高30%～40%。极端偏高的地区出现在中国甘肃、新疆地区和内蒙古南部，降水分别偏高145%和235%。一直延伸至俄罗斯秋明、库尔干和托姆斯克州，以及乌兹别克斯坦、哈萨克斯坦、印度东北部的部分地区，受充沛的降水影响，潜在累积生物量较过去5年偏高了33%。在这些地区的西部，包括毛里塔尼亚、塞内加尔和尼日尔，降水分别偏高63%、41%和22%，值得关注。

（3）拉丁美洲南锥体地区：在阿根廷中北部、南美洲大草原，降水分别偏高43%和34%。这一地区还包括玻利维亚（48%）、巴拉圭（59%）和巴西的巴拉那、圣卡塔林纳、里奥格兰德州，以及阿根廷南部的圣地亚哥 – 德尔埃斯特罗地区。

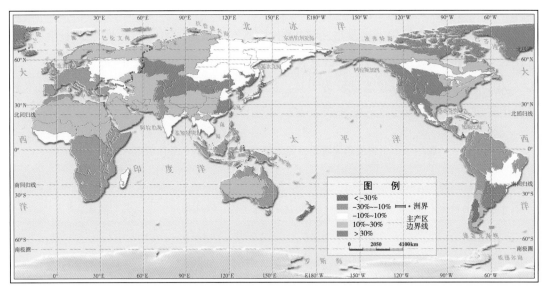

图2－1　2015年1～12月全球平均降水与过去14年（2001～2014年）同期降水距平

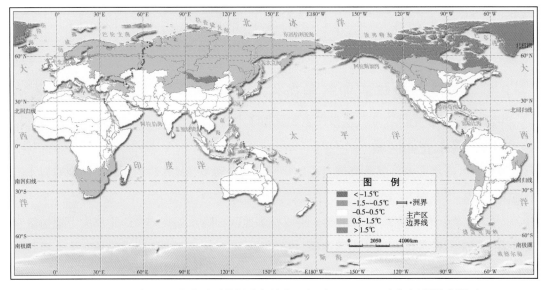

图2－2　2015年1～12月全球平均温度与过去14年（2001～2014年）同期温度距平

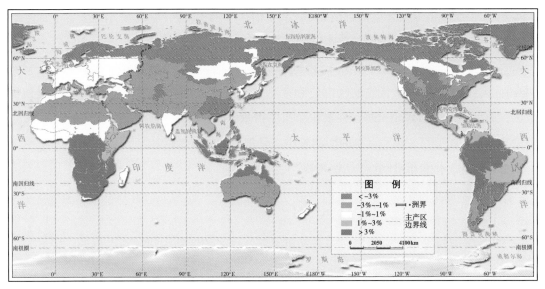

图2-3　2015年1~12月全球平均光合有效辐射与过去14年（2001~2014年）同期光合有效辐射距平

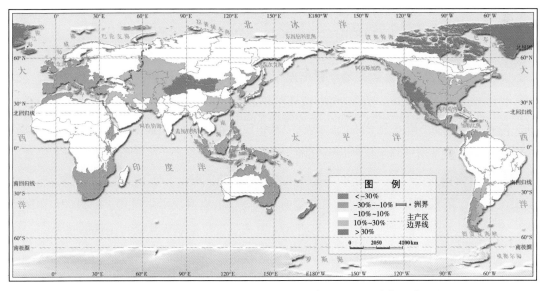

图2-4　2015年1~12月全球平均生物量与近5年（2010~2014年）同期生物量距平

2.1.2　降水偏低但对产量影响较小区域

与过去14年平均降水相比，部分地区降水偏低，但对当地作物生长影响较小，主要有以下三个地区。

（1）巴塔哥尼亚西部：全年降水较过去14年偏低达40%，其中2014年10月~2015年6月偏低51%，2015年4~9月偏低34%。降水偏低的地区还包括中国南方，阿根廷门多萨西南部，圣克鲁斯西北部。

（2）亚洲东部：东亚（-41%）及其内部的中国台湾地区（-31%）和日本（北海道

至本州东北部）、俄罗斯普里莫尔斯克、犹太自治州和阿穆尔河南部,降水显著低于往年平均。在朝鲜半岛,韩国和朝鲜的降水分别偏低45%和49%。

（3）大洋洲及附近地区:2015年1～12月降水偏低最多的地方出现在新西兰(偏低61%)。大洋洲和东南亚其他地区也受到影响,包括澳大利亚（维多利亚州和塔斯马尼亚）,东帝汶（降水偏低36%,其累积潜在生物量下降了34%）,巴布亚新几内亚（降水偏低30%）,印尼与菲律宾受到的影响较小,分别偏低23%和14%。

2.1.3 降水偏低但对产量影响较大区域

一些地区降水偏低,当地发生的旱情对当地农业种植造成了一定的影响,主要有以下四个地区。

（1）美国西海岸:包括加利福尼亚州大部分地区和俄勒冈州,降水偏低,轻微的旱情对当地农业种植造成了一定的影响。

（2）在中美洲和南美洲北部:受降水偏低的影响,以下三个地区出现了旱情,圭亚那（降水偏低40%）,北边至墨西哥南部的恰帕斯自治区,南边至巴西东部的贝里奥格兰德州。一些地区降水轻微偏低,然而温度显著偏高,如危地马拉（降水偏低18%,温度偏高1.8℃）;伯利兹（降水偏低9%,温度偏高2.7℃）;在委内瑞拉,潜在累积生物量较过去5年偏低21%。

（3）非洲南部:南非的干旱主要出现在2015年年末,这将对2016年当地玉米收获造成一定的影响。在2015年,纳米比亚（降水偏低44%,潜在累积生物量偏低37%）和博茨瓦纳（降水偏低32%）降水显著偏低。这在一定程度上也影响到了临近的中非地区,尽管有一定的干旱,但是当地降水依然足够充沛,并不会对当地农业产生影响。安哥拉（降水偏低17%,温度偏高1.9℃）,刚果民主共和国（降水偏低8%,光合有效辐射偏高9%）和刚果（布）（降水偏低15%,光合有效辐射偏高 8%）也遭受干旱侵袭。据报道,在2015年,在索马里和埃塞俄比亚及南非,有近2000万人受干旱影响无法获得足够的粮食。

（4）地中海北部和邻近欧洲中部地区:西班牙（降水偏低48%）、法国（降水偏低33%）和葡萄牙（降水偏低72%,潜在累积生物量偏低58%）均遭受干旱影响。在东部地区,受干旱影响的国家包括斯洛文尼亚（降水偏低33%）、克罗地亚（降水偏低35%）、波黑（降水偏低46%,潜在累积生物量偏低35%）、黑山（降水偏低57%）和阿尔巴尼亚（降水偏低44%）,旱情一直蔓延至北部和东部,包括波兰（降水偏低15%）、乌克兰（降水偏低20%）和白俄罗斯（降水偏低16%）和俄罗斯从诺夫哥罗德州一直延伸到乔治亚州（降水偏低19%）。在黎巴嫩,温度偏高1.8℃,降水偏低20%。潜在累积生物量偏低最多的地方出现在以下几个国家,包括塞尔维亚（-20%）、黑山（-29%）和克罗地亚（-32%）。

2.2 北半球夏收和南半球秋收作物生育期农业气象条件

2014年10月～2015年6月北半球夏收和南半球秋收作物生育期,因为跨度时间较长,大部分地区气象条件的变化接近于过去14年平均水平，如美国玉米主产区，降水轻微偏高12%，温度显著偏低1.2℃，光合有效辐射较往年平均略微降低2%。受降水和温度影响，潜在累积生物量接近于过去5年平均。

但在部分地区，降水明显偏高。印度旁遮普至古吉拉特地区是这一监测期间降水变化最显著的地方，降水较过去14年偏高60%（全年偏低19%），这非常有利于当地冬季作物的生长，其潜在累积生物量较往年偏高76%。在这一监测期间，中亚，特别是吉尔吉斯斯坦和塔吉克斯坦，降水充沛，分别偏高90%和46%，其潜在累积生物量也偏高了23%（图2-5～图2-8）。

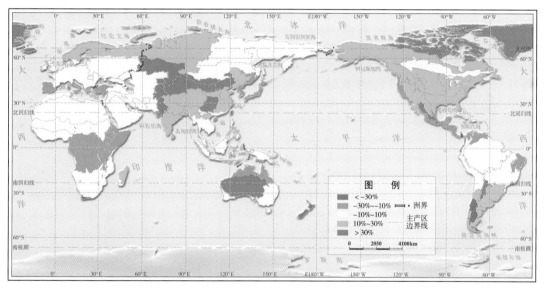

图2-5　2014年10月～2015年6月全球平均降水与过去14年（2001～2014年）同期降水距平

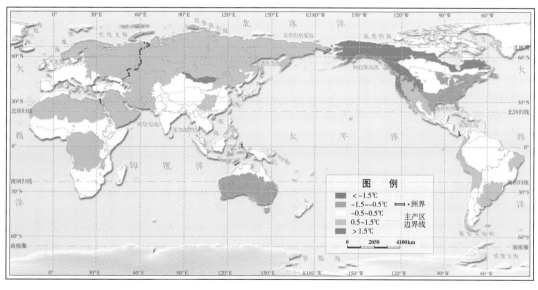

图2-6　2014年10月～2015年6月全球平均温度与过去14年（2001～2014年）同期温度距平

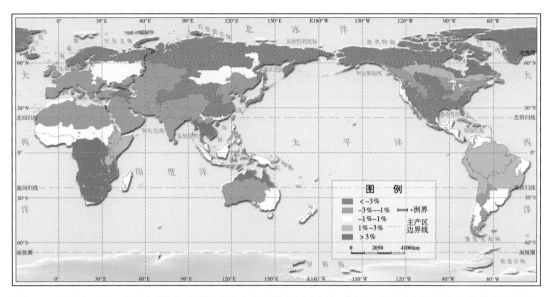

图2-7 2014年10月~2015年6月全球平均光合有效辐射与过去14年（2001~2014年）同期光合有效辐射距平

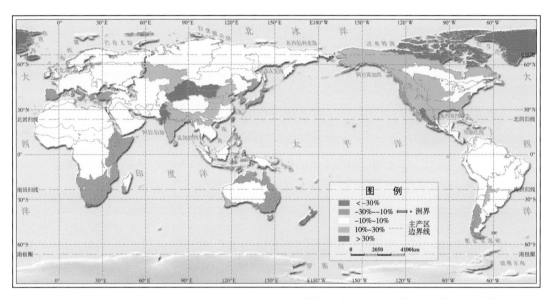

图2-8 2014年10月~2015年6月全球平均生物量与近5年（2010~2014年）同期生物量距平

2.3 北半球秋收和南半球夏收作物生育期农业气象条件

2015年4~9月是北半球秋收作物生育期，包括西非和南亚季风区，也是南半球夏收作物生育期。

在这一监测期间，美洲南部和中部多数国家温度偏高，如阿根廷、乌拉圭、危地马拉和伯利兹，温度分别偏高1.1℃、1.5℃、1.8℃和2.7℃。还有巴西东北部、安第斯山脉中部和北部，以及潘帕斯草原，温度分别偏高1.1℃、1.1℃和1.3℃。

不寻常的降水异常出现在中国甘肃和新疆地区，降水偏高150%，其潜在累积生物量偏高80%。同时，降水异常还出现在亚洲的吉尔吉斯斯坦与非洲的赞比亚和津巴布韦（图2-9～图2-12）。

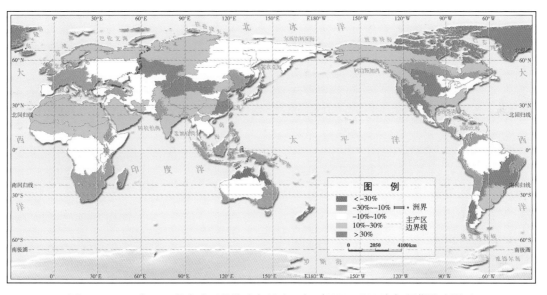

图2-9　2015年4～9月全球平均降水与过去14年（2001～2014年）同期降水距平

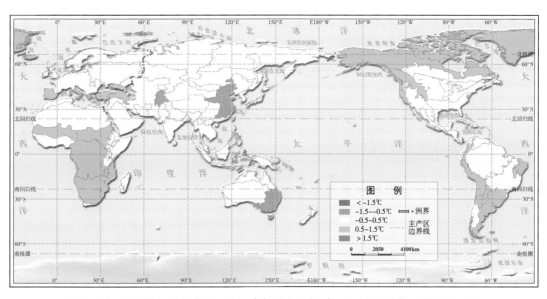

图2-10　2015年4～9月全球平均温度与过去14年（2001～2014年）同期温度距平

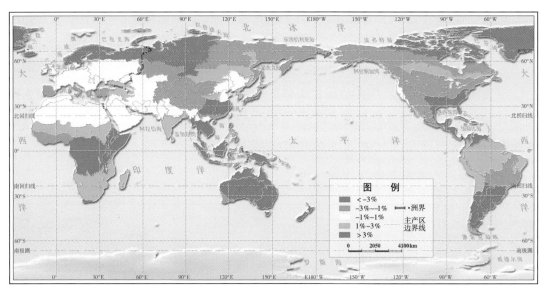

图2-11 2015年4~9月全球平均光合有效辐射与过去14年（2001~2014年）同期光合有效辐射距平

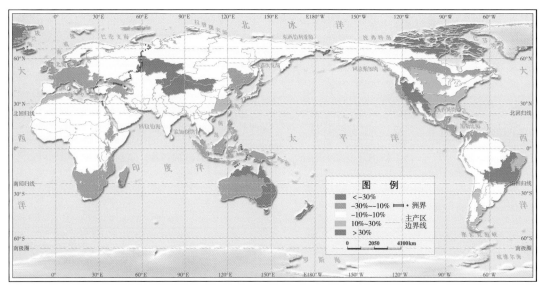

图2-12 2015年4~9月全球平均生物量与近5年（2010~2014年）同期生物量距平

2.4 厄尔尼诺现象

澳大利亚气象局（BOM）的南方涛动指数（SOI）（图2-13）有效地反映了2015年太平洋东西两侧气压增强和减弱的演变情况。该指数为正值时，表明塔希提比达尔文气压偏高的程度超过了正常情况，也就是东西太平洋气压差增大；该指数为负值时，则表明东西太平洋气压差减小。当负值极低时，两地的气压则可能已发生了逆转，也就是达尔文站实际气压超过了塔希提站。SOI 如果持续低于-8，意味着厄尔尼诺事件的发生，如果持续高于8，意味着典型的拉尼娜事件的发生，当数值为-8~8，意味着未发生异常状况。

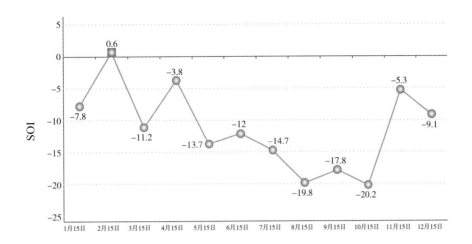

图2-13　2015年月度南方涛动指数（SOI）时间序列

来源于澳大利亚气象局（http://www.bom.gov.au/climate/glossary/soi.shtml）

　　监测期内，SOI 指数在2015年全年基本为负值，仅2015年2月达到0.6，之后急剧下降，2015年10月达到-20.2。2015年5～10月，SOI持续显著低于-7。SOI指数持续走低，以及热带太平洋温度超过厄尔尼诺阈值，意味着强厄尔尼诺事件的发生。

　　在此期间，CropWatch 监测到如下与厄尔尼诺事件有关的典型气候异常现象：中国东北和亚洲南部地区气温异常偏高，澳大利亚北部和东南亚沿海地区降水异常偏少，南美洲中部和北部地区干旱，阿根廷和秘鲁降水异常偏多，最为典型的厄尔尼诺影响发生在非洲南部，造成高地区发生30年一遇的严重干旱。因此，监测厄尔尼诺对产量的影响至关重要。

三、全球大宗粮油作物主产区
农情遥感监测

针对各大洲粮食主产区，综合利用农业气象条件指标和农情指标（最佳植被状况指数、种植耕地比例和复种指数）分析作物种植强度与胁迫因子在作物生育期内的变化特点，阐述与其相关的影响因素。

全球大宗粮油作物主产区分布如图3-1所示，包括非洲西部主产区、南美洲主产区、北美洲主产区、南亚与东南亚主产区、欧洲西部主产区、欧洲中部与俄罗斯西部主产区、澳大利亚南部全球七个洲际主产区，以及中国大宗粮油作物主产区，覆盖了全球最重要的农业种植区。全球七个洲际农业主产区的筛选是基于全球各国的大宗粮油作物总产量，以及玉米、水稻、小麦和大豆四种作物种植面积的分布确定的。本章重点介绍全球七个洲际主产区的农情监测结果，中国大宗粮油作物主产区的分析详见本部分第四章。

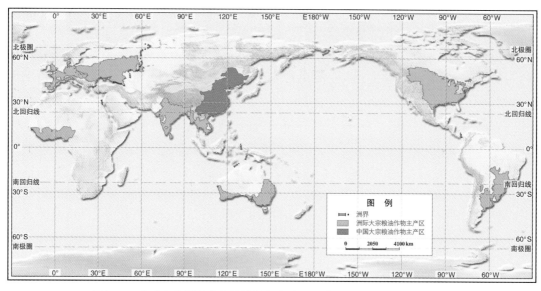

图3-1 全球七个洲际大宗粮油作物主产区及中国大宗粮油作物主产区

3.1 非洲西部主产区

非洲西部农业主产区全区年降水量总体略高于多年平均水平5%，温度偏低于多年平均值0.2℃，而光合有效辐射与平均水平持平（表3-1）。受农气条件综合影响，主产区潜在生物量低于多年平均水平3%。

表3－1　2015年非洲西部主产区的农业气象指标

时段	降水		温度		光合有效辐射		潜在生物量	
	当前值/mm	距平/%	当前值/℃	距平/℃	当前值/ (MJ/m²)	距平/%	当前值/ (gDM/m²)	距平/%
4~9月	1135	4	28.1	0.2	1596	0	1762	−1
1~12月	1450	5	27.8	−0.2	3375	0	1167	−3
10~6月	668	−5	28.7	0.1	2655	0	836	−7

注：10~6月表示2014年10月~2015年6月，下同。

2015年1~4月正值作物收获期，降水低于多年平均水平10%，同期温度和光合有效辐射略高于平均水平。降水低于平均水平的区域发生在主产区最北部区域（萨赫勒地区），其中加纳北部降水偏低8%，科特迪瓦偏低6%，尼日利亚偏低12%，这些地区降水不足极有可能导致作物种植推迟。

4~7月，主产区降水与往年持平，温度（0.6℃）和光合有效辐射（2%）略高于平均水平。南部和西部大部分区域农作物开始种植，西部降水高于平均水平的国家有几内亚比绍（25%）、塞拉利昂（14%）和几内亚（27%），与平均水平持平的国家有加纳和尼日利亚，而低于平均水平的国家是利比里亚（–18%）、科特迪瓦和多哥（–19%）和贝宁（–13%）（图3-2）。

7~10月降水丰沛，整体高于多年平均水平16%，同期温度和光合有效辐射均低于平均水平。西部和东部，以及主产区北部边缘地区（萨赫勒南部），经历了强降水天气过程，降水显著高于过去14年的平均值，其中几内亚比绍降水距平为45%，几内亚降水距平为29%，马里东南部和布基纳法索南部降水距平为35%，加纳北部降水距平为14%，尼日利亚降水距平为21%。

1~4月和4~7月受降水不足的影响，潜在生物量分别低于多年平均水平16%和6%，而7~10月有利的天气条件导致主产区潜在生物量整体高于平均水平5%。

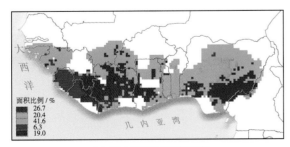
（a）降水距平聚类空间分布

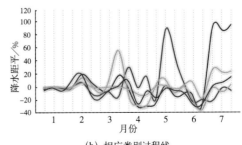
（b）相应类别过程线

图3-2　非洲西部主产区降水距平聚类空间分布及相应的类别过程线

（a）中不同颜色覆盖区域的距平变化过程具有不同的变化特征，变化过程分别对应（b）中相应颜色的变化曲线；
（a）中面积百分比表示各颜色对应类别的面积占主产区耕地总面积比例，下同

全年复种指数较近5年平均水平增加1%（表3-2）。主产区南部区域种植一年两熟制作物（图3-3），块根和块茎类作物是该区域种植的主要粮食作物，部分地区种植双季玉米。主产区北部和西部高纬度的国家则是在5月甚至更晚一些开始种植玉米，而水稻是主产区西部地区的主要种植作物。

表3-2　2015年1月～2016年1月非洲西部主产区的农情指标

时段	耕地种植比例		最佳植被状况指数	复种指数	
	当前值/%	距平/%	当前值	当前值/%	距平/%
1～4月	65	-8	0.61		
4～7月	83	-1	0.81		
7～10月	83	-2	0.83	130	1
10～1月	83	0	0.85		

注：10～1月表示2015年10月～2016年1月，下同；复种指数距平值表示与近5年平均相比的增减比例，下同。

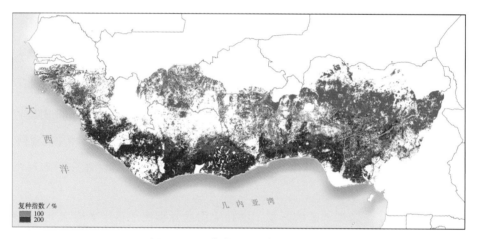

图3-3　西非地区2015年复种指数
图片源于2015年11月发布的第99期《全球农情遥感速报》

2015年非洲西部主产区耕地种植比例总体低于近5年平均水平，仅10～次年1月与近5年平均水平持平。尽管主产区内耕地种植比例总体下降，但较高的最佳植被状况指数监测结果表明该主产区内作物长势总体良好，没有发生显著的异常。西部和北部萨勒赫地区谷类作物长势条件较好，而利比里亚，以及从科特迪瓦到尼日利亚之间的国家南部地区，作物长势参差不齐（图3-4）。

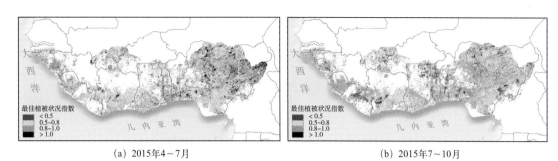

| (a) 2015年4~7月 | (b) 2015年7~10月 |

图3-4 非洲西部主产区最佳植被状况指数分布

3.2 南美洲主产区

2015年南美洲农业主产区农业气象条件总体上有利于作物发育和产量的形成。全年降水量高出平均水平25%，为农作物生长提供了充足的水分条件；全年平均气温为22.3℃，较多年平均气温偏高0.3℃；光合有效辐射处于正常水平，略偏低2%（表3-3）。其中，4~10月的降水量显著偏高33%，该时期内秋收作物基本收割，充足的降水为9月之后小麦的生长提供了适宜的土壤墒情。主产区秋收作物生育期内（2014年10月~2015年6月）农业气象条件正常，降水量、平均气温和光合有效辐射量较平均水平略偏高，良好的农气条件导致潜在生物量较近5年平均水平偏高30%。

表3-3 2015年南美洲主产区的农业气象指标

时段	降水		温度		光合有效辐射		潜在生物量
	当前值/mm	距平/%	当前值/℃	距平/℃	当前值/(MJ/m²)	距平/%	距平/%
4~10月	605	33	20.2	0.9	1265	-3	37
1~12月	1883	25	22.3	0.3	3106	-2	39
10~6月	1378	5	23.5	0.6	2513	2	30

受2015年1月上旬的高温和1月底降水稀缺等不利天气的影响，巴拉圭及阿根廷布宜诺斯艾利斯省中部和东北部部分地区2015年1~4月累积生物量较多年同期平均水平明显偏低（图3-5）。2015年4~7月潜在生物量偏低的区域主要集中在邻近巴拉圭的部分地区，主要原因是该地区的降水短缺及高温胁迫。温度距平聚类及过程线显示（图3-6），全区大部分地区在5月和7月下旬均呈现出异常高温的态势，严重影响了作物生长，将对灌浆期间的玉米和大豆的产量不利。值得一提的是，4~7月，戈亚斯州和马托格罗索州的降水量较平均水平翻倍，南马托格罗索州和巴拉那州的降水量也偏高70%以上，充足的降水在一定程度上削弱了高温对作物生长的不利影响，因此这些地区的最佳植被状况指数相对较高（图3-7）。总体上阿根廷境内的作物长势不及主产区内巴西境内的作物长势。

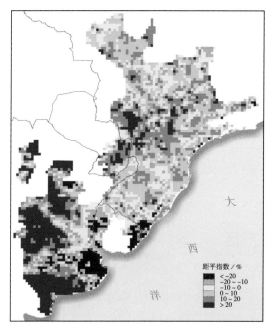

图3－5　2015年1～4月南美洲主产区潜在生物量距平

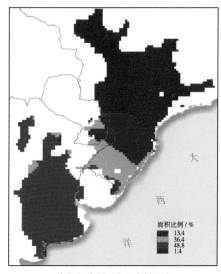

（a）温度距平聚类空间分布

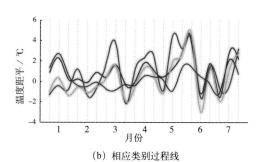

（b）相应类别过程线

图3－6　南美洲主产区温度距平聚类空间分布及相应的类别过程线

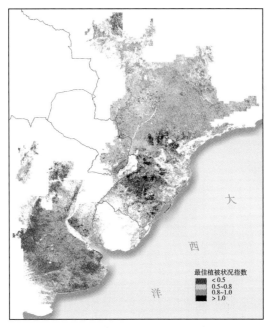

最佳植被状况指数
<　0.5
0.5~0.8
0.8~1.0
>　1.0

大
西
洋

图3－7　2015年4~7月南美洲主产区最佳植被状况指数

7~10月，充沛的降水（高出平均水平46%）为冬小麦和油菜等冬季作物提供了适宜的土壤水分条件，监测期内适宜的气温同样有利于冬小麦的出苗和生长发育。然而，监测期内的农业气象条件及农情指标在主产区内空间差异显著。其中，阿根廷潘帕斯草原及巴西南里奥格兰德州南部9~10月遭遇持续的低温天气，影响冬季作物的生长发育。南里奥格兰德州、圣卡塔琳娜州和巴拉那州充足的降水促进了作物生长，潜在生物量偏高20%；而主产区内其他地区降水偏少，对作物生长不利，其中阿根廷潘帕斯草原和巴西圣保罗州等地呈现严重水分亏缺状况。

2015年10月~2016年1月，尽管主产区的温度和光合有效辐射低于平均水平，但充沛的降水（高出平均水平39%）促进了主产区的大豆和玉米的生长发育，主产区作物长势良好。降水距平聚类分析结果（图3－8）显示，主产区内阿根廷大部及主产区北部地区降水略偏高（偏高约20mm），而巴拉圭南部、阿根廷的米西奥内斯省，以及巴西南部各省（包括南里奥格兰德州、巴拉那州和圣卡塔琳娜州）在监测期内降水高于平均水平。主产区大部地区气温低于平均水平，仅主产区最北部的马托格罗索州南部、米纳斯吉拉斯州南部和戈亚斯州南部地区温度显著偏高。这些地区降水处于平均水平，高温天气导致潜在生物量低于平均水平，同时最小植被健康指数（图3－9）显示该地区出现水分胁迫状况。

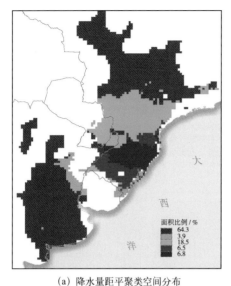

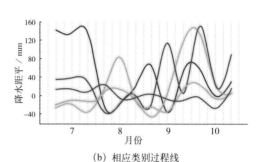

(a) 降水量距平聚类空间分布 　　　　　　(b) 相应类别过程线

图3-8　南美洲主产区降水量距平聚类空间分布及相应的类别过程线

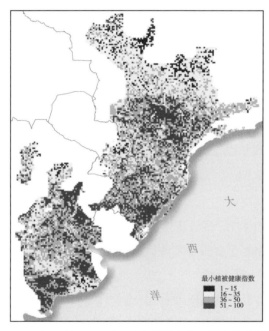

图3-9　2015年10月～2016年1月南美洲主产区最小植被健康指数

　　2015年1～4月，受益于主产区内良好的农业气象条件，作物长势总体良好，最佳植被状况指数高达0.86（表3-4）。而4～7月，主产区出现异常高温天气，严重影响了作物生长，主产区最佳植被状况指数平均值为0.67。7月之后，气温恢复至正常水平，作物长势也逐渐恢复，全区最佳植被状况指数恢复至0.77，该时段内阿根廷潘帕斯草原和巴西圣保罗州等地出现旱情，部分地区最佳植被状况指数低于0.5。2015年10月～2016年1月，主产区大部分地区最佳植被状况指数处于较高水平，全区平均值高达0.87。

表3—4　2015年1月～2016年1月南美洲主产区的农情指标

时段	耕地种植比例		最佳植被状况指数	复种指数	
	当前值/%	距平/%	当前值	当前值/%	距平/%
1～4月	89	0	0.86	168	1
4～7月	88	1	0.67		
7～10月	95	8	0.77		
10～1月	98	9	0.87		

　　阿根廷基于NDVI均值的作物生长过程线（图3－10）显示，作物长势好于平均水平，物候期也有一定幅度的提前。NDVI过程线的峰值超过2014年和近5年平均水平的峰值，大豆、玉米等作物单产较2014年有所增加。

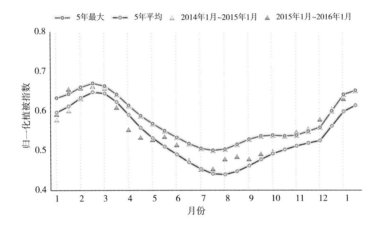

图3－10　2015年1月～2016年1月阿根廷作物生长过程线

　　受良好的农业气象条件影响，7～10月及2015年10月～2016年1月耕地种植比例最高，均超过全区耕地面积的95%，且显著高于近5年平均水平（分别为8%和9%），大部分未种植耕地零散分布在布兰卡港和圣罗莎之间的区域。主产区平均复种指数为168%（较近5年平均水平偏高1%），表明全区至少68%的耕地种植双季作物。大部分单季作物种植区分布在潘帕斯草原中部及圣保罗州中部。与2014年相比，布宜诺斯艾利斯省中部地区的双季作物种植区明显向东偏移，2014年双季作物种植区主要出现在布宜诺斯艾利斯省中部，而2015年则主要分布在东部和南部。这一现象间接证明了布宜诺斯艾利斯省的种植模式为两年三季（单季大豆—冬小麦—大豆轮作）（图3－11）。

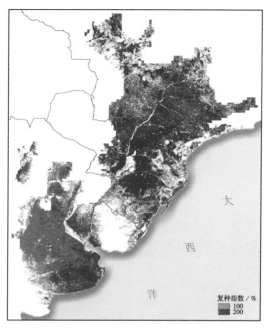

图3－11　南美洲主产区复种指数

3.3　北美洲主产区

2015年，北美洲粮食主产区的农业气象条件与过去多年平均水平相比，呈现暖湿化特征，降水偏多35%，温度偏高0.3℃，光合有效辐射偏低4%（表3－5）。但就年内变化而言，北美粮食主产区的农业气象条件空间差异较大，2015年5月美国大平原南部地区与2015年12月密西西比河流域相继发生洪涝，而2015年5～8月，加拿大大草原地区发生严重干旱。

表3－5　2015年北美主产区的农业气象指标

时段	降水		温度		光合有效辐射		潜在生物量
	当前值/mm	距平/%	当前值/℃	距平/℃	当前值/（MJ/m²）	距平/%	距平/%
10～6月	853	18	8.5	−0.3	1836	−5	12
4～9月	725	25	20.4	0.1	1833	−2	13
1～12月	1358	35	12.7	0.3	2733	−4	23

北美洲夏收作物生育期内（2014年10月～2015年6月），降水量为853 mm，与过去14年相比偏高18%；温度8.5℃，与过去14年相比，偏低0.3℃；光合有效辐射1836 MJ/m²，与过去14年相比，显著偏低5%。降水距平聚类分析结果表明，2015年3月中旬至5月中旬大平原南部的得克萨斯州与俄克拉何马州等冬小麦主产区降水显著偏高（图3－12），与过去14年同期平均水平相比，得克萨斯州降水量偏高50%，俄克拉何马州偏高50%，得克

萨斯州与俄克拉何马州发生历史罕见的洪水，得克萨斯州北部的达拉斯—沃斯堡地区是
受灾最严重的地区。2015年5月下旬至6月下旬，北美玉米带降水充沛（图3-12），与过去
14年同期平均水平相比，艾奥瓦州、伊利诺伊州、印第安纳州与密苏里州的降水量分别偏高
23%、33%、17%、37%，充足的降水为玉米与大豆的播种与生长提供了有利的水分补给。在
此监测期内，加拿大南部的萨斯喀彻温省、艾伯塔省与马尼托巴省的降水分别偏低27%、12%
与22%，导致土壤含水量降低，不利于该地区秋粮作物的播种与生长（图3-13）。

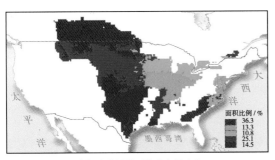

(a) 降水量距平聚类空间分布　　　　(b) 相应类别过程线

图3-12　2015年4~7月北美主产区降水量距平聚类空间分布及相应的类别过程线

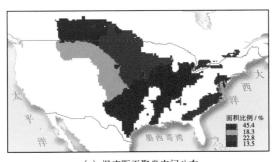
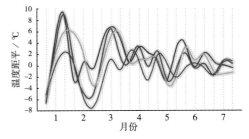

(a) 温度距平聚类空间分布　　　　(b) 相应类别过程线

图3-13　2015年4~7月北美主产区温度距平聚类空间分布及相应的类别过程线

北美洲秋收作物生育期内（2015年4~10月），降水量为725 mm，较往年同期平均水
平偏高25%。在此监测期内，北美粮食主产区降水两极分化现象显著。美国秋粮主产区降
水显著偏高，充足的降水为秋粮，特别是大豆与玉米的生长提供了充足的水分，与过去14
年同期平均水平相比，艾奥瓦州、伊利诺伊州、印第安纳州、密苏里州、内布拉斯加州的
降水量分别偏高36%、47%、18%、74%与69%；在水稻产量占全美总产近一半的阿肯色
州，与春小麦主产州——南达科他州，降水量较过去14年同期平均水平偏高33%与69%。
加拿大粮食主产区的降水量明显偏低，与过去14年同期平均降水量相比，加拿大大草原地
区的萨斯喀彻温省、艾伯塔省与马尼托巴省的降水分别偏低27%、28%与10%，温度分别
偏高0.5℃、0.8℃与0.7℃，在玉米主产省——安大略省，降水偏低7%，温度偏高0.5℃。

在作物播种与生长最为旺盛的4～7月，艾伯塔省与萨斯喀彻温省的降水量均偏低49%，而温度分别偏高1.3℃和1.0℃。持续的暖干气候导致土壤失墒严重，艾伯塔省与萨斯喀彻温省相继发生严重的旱情。艾伯塔省是加拿大最大的小麦产区，其次为萨斯喀彻温省与马尼托巴省。严重的干旱对2015年加拿大小麦的生长十分不利。

2015年美国主产区作物生长形势与往年平均水平基本持平。美国作物长势过程线（图3－14）表明，3～7月作物长势略好于往年同期平均水平，但是进入8月之后，作物长势不如往年同期平均水平。如前所述，尽管2015年5月小麦主产区之一的得克萨斯州北部地区与俄克拉荷马州发生了严重的洪涝灾害，但与此同时，也为冬小麦的生长提供了充足的水分供给，因此对作物整体的长势的影响十分有限。2015年美国秋粮主产区的降水十分充足，为秋粮作物的生长提供了丰富的水分补给，但与此同时，监测期内光合有效辐射显著偏低，如2015年4～7月水稻主产区阿肯色州，玉米与大豆主产区印第安纳州、伊利诺伊州、艾奥瓦州、密苏里州与内布拉斯加州的光合有效辐射分别偏低6%、8%、7%、6%、9%与9%；2015年7～8月，除阿肯色州光合有效辐射偏高1%之外，上述各州的光合有效辐射分别偏低3%、2%、3%、2%与2%。光合有效辐射的显著减少，不利于作物光合作用，间接削弱了降水对作物生长的促进作用，2015年7月作物长势过程线的变化趋势亦证实光合有效辐射显著降低对作物长势的不利影响。

就全年而言，2015年美国主产区耕地种植比例较过去5年同期平均水平偏高1%，作物复种指数偏低3%。CropWatch产量监测表明，与2014年相比，2015年美国小麦产量同比增加2.6%，水稻产量减少1.7%，玉米产量增加0.2%，大豆产量减少0.1%。

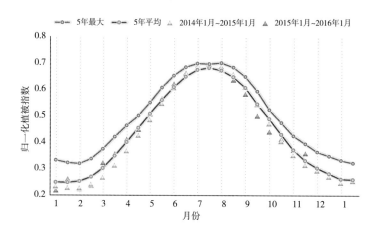

图3－14 美国作物长势过程线

2015年加拿大作物长势（图3-15）明显不如2014年与2010～2014年同期平均水平。自2015年3月开始，加拿大粮食主产区的降水量逐步减少，因作物水分胁迫的加剧，加拿大的作物长势自2015年6月中旬开始逐步变差，较差的作物长势一直持续至9月中旬。严重的干旱导致萨斯喀彻温省、艾伯塔省的部分作物绝收，耕地种植比例下降。CropWatch监测表明，与过去5年同期平均水平相比，2015年4～7月，加拿大的耕地种植比例显著偏低6%，潜在累积生物量偏低23%；2015年7～10月，耕地种植比例显著偏低4%。尽管2015年加拿大复种指数较2010～2014年同期平均水平偏高1%，但仍然无法延缓该国小麦产量下滑的趋势。CropWatch监测表明2015年加拿大小麦产量同比下降8%。

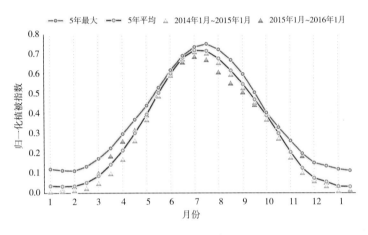

图3-15　加拿大作物长势过程线

进入10月，北美主产区密西西比河降水量比过去14年同期平均水平显著偏高，CropWatch监测表明，2015年10月～2016年1月中旬，艾奥瓦州、伊利诺伊州、密苏里州、内布拉斯加州、田纳西州与阿肯色州降水量分别偏高62%、27%、86%、75%、78%与88%，导致密苏里河、密西西比河交汇的圣路易斯，以及下游地区发生洪涝灾害。而同期加拿大的降水量并没有明显恢复，艾伯塔省、萨斯喀彻温的降水量变化率分别为-17%、3%，如果后期降水条件没有明显改善，将不利于2016年秋收作物的播种与生长。

3.4　南亚与东南亚主产区

南亚与东南亚农业主产区(不包括东南亚诸岛)的作物种植以一年一熟制和两熟制为主，三熟制主要分布在印度西孟加拉邦、红河三角洲和越南的湄公河三角洲地区（图3-16）。水稻是该区的主要作物，而小麦和玉米主要种植在印度和缅甸。总体上，缅甸、孟加拉国、泰国和越南作物长势较差，而印度与柬埔寨作物长势接近平均水平。主产区平均复种指数为168%，较近五年平均水平偏高1%（表3-6）。1～4月，耕地种植比例较近5

年平均水平偏高3.0%，增幅超过全球其他农业主产区（表3－6）。耕地种植区主要分布在印度、孟加拉国、缅甸的伊洛瓦底三角洲、越南的红河三角洲和湄公河三角洲、洞里萨湖地区，以及泰国中部和东北地区。未种植的耕地大多分布在缅甸的中部和印度的拉贾斯坦邦、安得拉邦、旁遮普邦、卡纳塔克邦、古吉拉特邦。

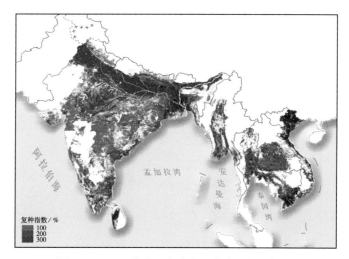

图3－16　2015年南亚与东南亚主产区复种指数

表3－6　2015年1月～2016年1月南亚与东南亚主产区主产区的农情指标

时段	耕地种植比例		最佳植被状况指数	复种指数	
	当前值/%	距平/%	当前值	当前值/%	距平/%
1～4月	83	3.0	0.81	168	1
4～7月	81	−4.0	0.85		
7～10月	84	0.0	0.86		
10～1月	85	−0.2	0.79		

　　2014年10月～2015年6月，主产区最佳植被状况指数高值区域集中在缅甸的北部与南部、印度西北部、东北部，以及中东部地区，低值区域主要分布在缅甸中部与泰国北部、印度西部和南部部分区域。2014年10月～2015年4月对应印度东南部、缅甸中南部、柬埔寨中东部地区冬季作物的生长期，植被健康指数呈现先增后减的态势。在缅甸中部与泰国北部，以及柬埔寨与越南部分地区，受1～4月降水偏低的影响，该地区的最佳植被状况指数低于平均水平，作物长势低于平均水平。

　　2015年全年降水量较多年平均水平偏高8%，温度和光合有效辐射与过去14年平均水平持平（表3-7），主产区大部分地区作物长势高于平均水平。4～9月为主产区的雨季，同过去14年平均水平相比，降水增加了8%，温度略微偏低0.1℃，光合有效辐射偏高2%；虽然印度东北部与西北部受到严重的洪涝，印度中南部等地区受到干旱天气的影响，但受益于良好的农气条件，整个主产区作物生长状况总体上与近5年平均水平持平。可能受到厄尔尼诺的影响，在缅甸的中南部、泰国的北部、印度西部和南部部分地区，在4～6月受气温与降水偏低的影响，导致主产区内印度西部区域、缅甸的中南部作物、泰国的北部、生长状况较差，最佳植被状况指数较低（小于0.5；图3-17）。

表3-7　2015年南亚与东南亚主产区的农业气象指标

时段	降水		温度		光合有效辐射		潜在生物量
	当前值/mm	距平/%	当前值/℃	距平/℃	当前值/(MJ/m²)	距平/%	距平/%
4～9月	1424	8	28.9	-0.1	1640	2	-4
1～12月	1701	8	26.0	0.0	3169	0	-1
10～6月	752	12	25.4	0.0	2466	0	17

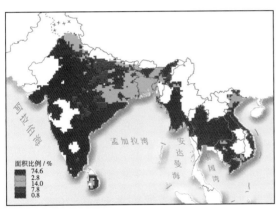

（a）降水距平聚类空间分布

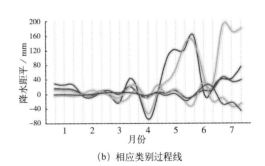

（b）相应类别过程线

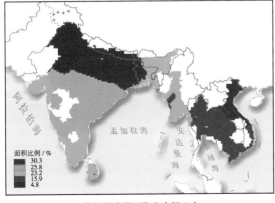

（c）温度距平聚类空间分布

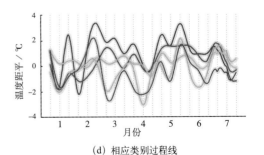

（d）相应类别过程线

图3-17　2015年南亚与东南亚主产区降水与温度距平聚类空间分布及相应的类别过程线

171

3.5 欧洲西部主产区

就2015年整体而言，欧洲西部农业主产区农业气象条件总体低于多年平均水平。全年降水量为637mm，较多年平均降水量偏低20%；平均气温为11.3℃，较多年平均气温偏高0.3℃；光合有效辐射处于正常水平。夏收作物生长季内（2014年10月～2015年6月），虽然温度适宜，但受降水量偏低14%的影响，潜在生物量偏低10%。秋收作物生长季内（4～9月），虽然农气指标平均气温处于正常水平，光合有效辐射偏高1%，但受降水量偏低15%的影响，潜在生物量偏低14%（表3－8）。

表3－8　2015年欧洲西部主产区的农业气象指标

时段	降水		温度		光合有效辐射		潜在生物量
	当前值/mm	距平/%	当前值/℃	距平/℃	当前值/（MJ/m²）	距平/%	距平/%
4～9月	347	−15	15.6	0	1662	1	−14
1～12月	637	−20	11.3	0.3	2237	0	−15
10～6月	501	−14	9.3	0.6	1440	−2	−10

与过去14年平均水平相比，欧洲西部主产区年内降水量、平均气温聚类及过程线均反映出主产区内的农气条件时空分布差异较大（图3－18、图3－19）。其中，1～4月，除了意大利北部地区1月上旬至2月上旬与德国的大部地区1月上旬至3月降水高于往年平均水平外，欧洲西部主产区降水量总体比过去14年平均水平偏低27%；温度上升1.0℃，光合有效辐射总量与平均水平持平。一定程度的水分胁迫影响到作物的生长，法国与英国2015年的作物生长过程线（图3－20）也反映了该期间作物生长状况略低于平均水平。4～7月，大部分区域降水持续低于多年平均水平，降水量总体比过去14年平均水平偏低26%，温度呈现波动变化，虽然主产区温度总体偏高0.1℃，光合有效辐射总量偏高%，但是受主产区内持续的水分胁迫的影响，尤其是6月之后，作物总体长势出现了明显的下降趋势，最佳植被状况指数为0.74（图3－21）。7～10月，主产区降水量总体持续偏低，相比过去14年平均水平偏低15%，同时平均温度偏低0.3℃，降水短缺与气温偏低不利于秋粮作物生长后期的发育与成熟。

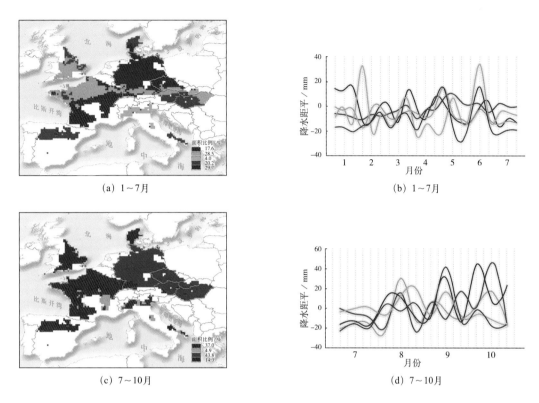

(a) 1~7月

(b) 1~7月

(c) 7~10月

(d) 7~10月

图3-18　欧洲西部主产区降水量距平聚类空间分布(a)、(c)及相应的类别过程线(b)、(d)

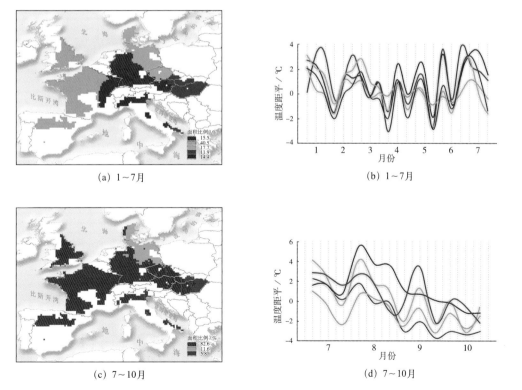

(a) 1~7月

(b) 1~7月

(c) 7~10月

(d) 7~10月

图3-19　欧洲西部主产区温度距平聚类空间分布(a)、(c)及相应的类别过程线(b)、(d)

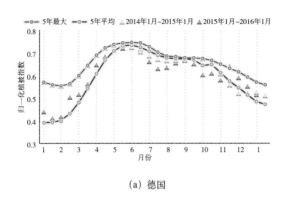

（a）德国

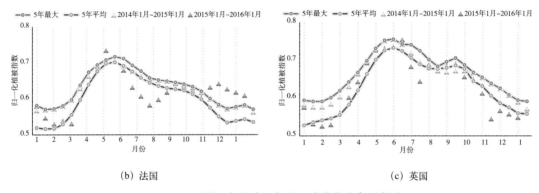

（b）法国   （c）英国

图3-20　欧洲西部主产区部分国家作物生长过程线

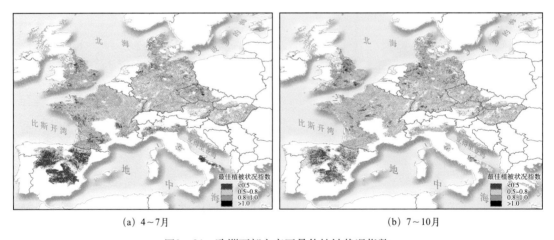

（a）4~7月   （b）7~10月

图3-21　欧洲西部主产区最佳植被状况指数

　　主产区主要种植冬小麦、冬大麦、夏玉米、甜菜等作物。受夏收作物与收秋作物播种期（10月、6月）水分胁迫的影响，2015年耕地种植比例总体低于近5年平均水平。全年不同时段的监测结果显示，仅1~4月的主产区耕地种植比例较近5年平均水平偏高1%（表3-9），而2015年7月~2015年10月与2015年10月~2016年1月未种植耕地面积最大，达到主产区耕地面积的9%，未种植耕地零散分布在西班牙中部地区，该地区主要种植的是夏收作物（大麦、小麦），5月底收获后直至10月底一直是休闲阶段。

主产区平均复种指数为125%，较近5年平均水平偏低2%（表3－9），其中，法国的西部与东部、德国西北部，以及东南部部分地区主要种植一年两熟作物，其余地区多种植一年一熟作物（图3－22）。

表3－9　2015年1月～2016年1月欧洲西部主产区的农情指标

时段	耕地种植比例		最佳植被状况指数	复种指数	
	当前值/%	距平/%	当前值	当前值/%	距平/%
1～4月	92	1.0	0.86	125	−2
4～7月	95	0.0	0.74		
7～10月	91	−1.0	0.76		
10～1月	91	−1.0	0.89		

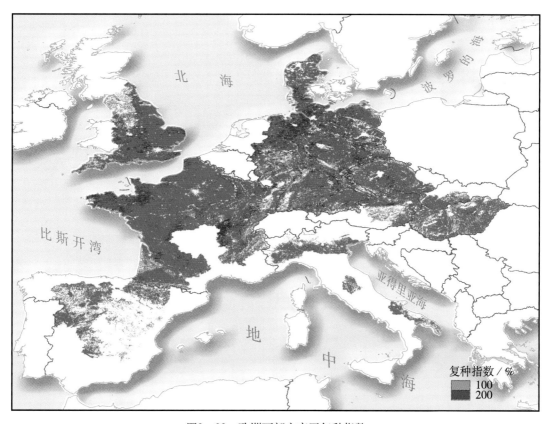

图3－22　欧洲西部主产区复种指数

3.6 欧洲中部与俄罗斯西部主产区

2015年，欧洲中部与俄罗斯西部主产区作物长势总体较差。2015年全年主产区的降水量偏低9%（表3-10），2014年10月～2015年6月，以及2015年4～9月的两个主要作物生长期潜在生物量分别偏低4%和9%，反映了较差的作物生长状况；全年平均温度为8.4℃，较多年平均气温偏高0.8℃；光合有效辐射偏高1%，2015年整个主产区的干热少雨的气候对作物生长整体上不利。

根据2015年主产区降水量和平均气温聚类及过程线（图3-23），主产区内的温度和降水条件在时空分布上存在一定差异。主产区的大部分地区在2月出现了降水短缺的情况，尤其在俄罗斯的克拉斯诺达尔和斯塔夫罗波尔边疆区、罗斯托夫，降水量相比于多年平均水平偏低20%。从3月开始，大部分地区的降水恢复至平均水平以上，这对处于关键生长期的夏收作物有利。俄罗斯西南部和乌克兰东部从5月起降水量增加，6月中旬俄罗斯西南部部分地区降水达到高峰，6月底至7月，除了主产区东部位于俄罗斯境内的地区，大部分地区的降水量低于平均水平。9月以后，监测区大部分的秋粮作物已经收割，主产区西部降水量明显减少，对冬季作物的播种产生一定影响。

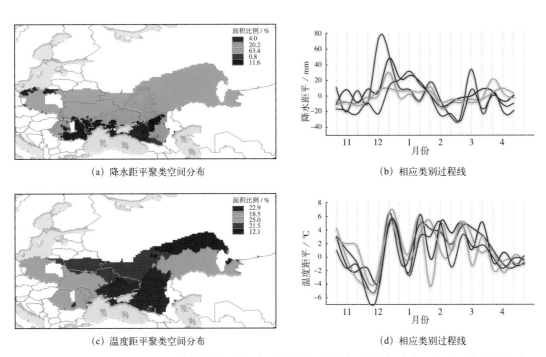

(a) 降水距平聚类空间分布 　　　　　　(b) 相应类别过程线

(c) 温度距平聚类空间分布 　　　　　　(d) 相应类别过程线

图3-23　2015年1～4月欧洲中部与俄罗斯西部降水与温度距平聚类空间分布及相应的类别过程线

2015年1～4月，主产区内耕地种植比例仅为65%（表3－11），大部分未种植耕地集中在主产区最东部的俄罗斯境内（图3－24），相比于近5年同期平均水平降低了5%，也表明该地区2015年冬小麦的种植面积有缩减的趋势。5～11月，大部分可耕种地均已经种植，耕地种植比例迅速增加至93%左右，未种植耕地主要集中分布在俄罗斯靠近哈萨克斯坦的边境地区。

表3－10　2015年欧洲中部和俄罗斯西部主产区的农业气象指标

时段	降水		温度/℃		光合有效辐射		潜在生物量	
	当前值/mm	距平/%	当前值	距平/℃	当前值/（MJ/m²）	距平/%	当前值/（gDM/m²）	距平/%
4～9月	303	−15	16.4	0	1612	2	865	−9
1～12月	581	−9	8.4	0.8	2086	1	834	−4
10～6月	434	−3	4.4	0.6	1330	0	800	−4

注：10～6月代表2014年10月～2015年6月。

表3－11　2015年欧洲中部和俄罗斯西部主产区的农情指标

时段	耕地种植比例		最佳植被状况指数	复种指数	
	当前值/%	距平/%	当前值	当前值/%	距平/%
10～1月	83	−1.0	0.69		
1～4月	65	−5.0	0.64	103	0
4～7月	93	0	0.87		
7～10月	92	0	0.78		

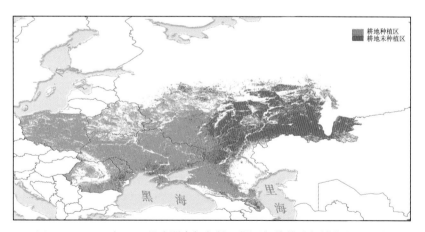

图3－24　2015年1～4月欧洲中部与俄罗斯西部休耕地与耕作农田分布

植被健康指数对主产区的土壤墒情与作物生长条件有很好的指示意义。2015年7～10月植被健康指数空间距平聚类图（图3－25）显示，受长期干旱条件影响，相比于过去多年同期平均水平，俄罗斯西部和罗马尼亚东部土壤墒情较差，对农作物生长不利，这与同时期的最佳植被状况指数分布图结果一致。

主产区以单季种植的模式为主，平均复种指数为103%，与近5年平均水平持平。

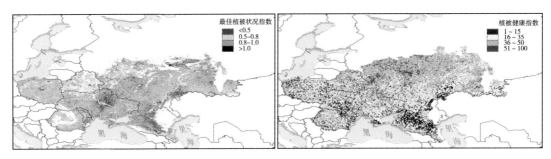

图3-25 2015年7～10月最佳植被状况指数和植被健康指数最小值分布

3.7 澳大利亚南部主产区

2015年全年，澳大利亚南部的农业气象条件总体处于平均水平以下，尽管气温和光合有效辐射维持稳定，但降水偏少18%，导致潜在生物量偏少18%。其中，2015年4～9月，澳大利亚南部降水偏少30%，潜在生物量偏少28%；2014年10月～2015年6月，气温偏低1.2℃（表3-12）。

2015年1～4月，澳大利亚南部作物长势呈现低于平均水平的态势，监测期是澳大利亚南部主要作物小麦和大麦的非种植季，最佳植被状况指数总体仅为0.54。与近5年平均水平相比，耕地种植比例偏低16%（表3-13）。

表3-12 2015年澳大利亚南部主产区的农业气象指标

时段	降水		温度		光合有效辐射		潜在生物量	
	当前值/mm	距平/%	当前值/℃	距平/℃	当前值/（MJ/m²）	距平/%	当前值/（gDM/m²）	距平/%
4～9月	183	−30	12.4	−0.6	1114	−3	489	−28
1～12月	492	−18	17.3	0	3240	−1	618	−18
10～6月	454	−4	17.9	−1.2	2646	0	719	−8

表3-13 2015年澳大利亚南部主产区的农情指标

时段	耕地种植比例		最佳植被状况指数	复种指数	
	当前值/%	距平/%	当前值	当前值/%	距平/%
10～1月	71	4	0.68		
1～4月	37	−16	0.54	123	−4
4～7月	68	−1	0.82		
7～10月	77	8	0.80		

2015年4～7月，基于NDVI的作物生长过程线（图3－26）显示，与过去5年平均水平相比，澳大利亚南部作物长势总体处于平均水平，然而，4月作物长势低于平均水平。最佳植被状况指数总体达到0.82，作物种植比例减少1%，维持稳定（表3－13）。然而，NDVI距平聚类及过程线清晰显示，维多利亚州北部和西部呈现低于平均水平的NDVI值，这些区域约占种植耕地面积的41.6%，需要多加关注。澳大利亚西南部、东南部和维多利亚州南部的作物长势均呈现整体平均水平（图3－27）。总体而言，澳大利亚南部作物长势向好，但越冬后降水状况若无改善，后期小麦生长可能会受到影响。

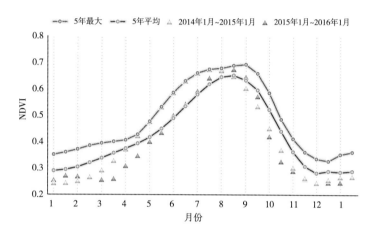

图3－26　2015年澳大利亚南部作物生长过程线

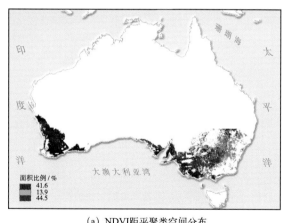

（a）NDVI距平聚类空间分布

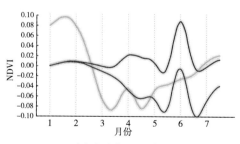

（b）相应的类别过程线

图3－27　2015年4～7月澳大利亚南部NDVI距平聚类空间分布及相应的类别过程线

2015年7~10月，与近5年平均水平相比，澳大利亚南部作物长势整体处于平均水平，此时段为冬小麦和大麦的主要生长季节。NDVI距平空间聚类及过程线显示，新南威尔士东南部、南澳大利亚州南部和西澳大利亚州南部西南部的部分地区（约占耕地面积的32.7%），7月中旬至10月的作物长势均高于平均水平，而在维多利亚州北部和西澳大利亚州南部西南部的部分地区（约占耕地面积的25.9%），作物长势始终处于平均水平以下。南澳大利亚州南部东南部、维多利亚州西南部、新南威尔士州和维多利亚州交界的东部、西澳大利亚州南部西南部的部分地区（约占耕地面积的41.4%），作物长势处于平均水平（图3-28）。上述分析结果与基于NDVI的作物生长过程线反映的情况相一致；全国作物长势在生长初期良好，在8~9月作物生长关键时期维持在平均水平，然而在10月成熟前作物长势低于平均水平，很可能是由于厄尔尼诺所带来的降水减少45%的负面影响所致。尽管耕地种植比例与近5年平均水平相比，增加了8%。

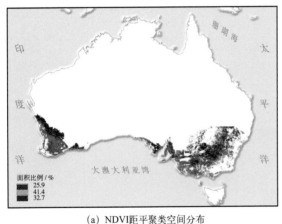
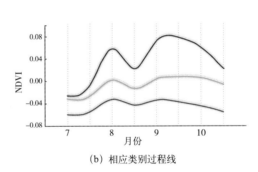

(a) NDVI距平聚类空间分布　　　　　(b) 相应类别过程线

图3-28　2015年7~10月澳大利亚南部NDVI距平聚类空间分布及相应的类别过程线

澳大利亚南部在2015年10月~2016年1月期间作物长势低于平均水平，10~次年1月是澳大利亚南部冬季作物（小麦和大麦）的收获季节。不佳的作物长势源于降水偏少（南澳大利亚州南部，偏少29%；维多利亚州，偏少45%；西澳大利亚州南部，偏少12%）和气温偏高所带来的作物生长需水量偏高（南澳大利亚州南部气温偏高1.8℃；维多利亚州气温偏高2.1℃；西澳大利亚州南部气温偏高1.1℃）。澳大利亚南部耕地的平均最佳植被状况指数仅为0.68（图3-29），澳大利亚南部耕地种植比例增加了4%，全年复种指数偏少4%（表3-13）。

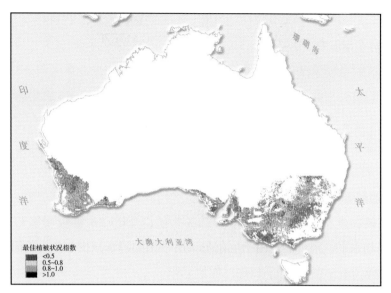

图3-29 2015年10月～2016年1月澳大利亚南部作物最佳植被状况指数

3.8 小结

1）非洲西部主产区

2015年该主产区全年农业气象条件正常，耕地利用强度总体低于近5年平均水平，1～10月耕地种植比例低于近5年平均水平，而全年复种指数（130%）较近5年平均水平增加1%。该主产区总体上作物长势较好，但受监测期内农气条件时空变化差异的影响，作物长势空间变异显著：西部和北部萨勒赫地区谷类作物长势条件较好，而利比里亚，以及从科特迪瓦到尼日利亚之间的南部地区，作物长势参差不齐。

2）南美洲主产区

2015年该主产区农业气象条件总体利于作物生长和产量形成，不同时间段的农气条件导致潜在生物量高于平均水平30%以上。充沛的降水整体上促进了主产区的冬小麦、油菜、大豆和玉米的生长发育，而部分地区由于降水不足或高温影响，如阿根廷潘帕斯草原和巴西圣保罗州等地，呈现严重水分亏缺状况。主产区内耕地利用强度总体高于近5年平均水平，2015年7～10月及2015年10月～2016年1月耕地种植比例分别高于近5年平均水平8%和9%。全年复种指数达到168%，较近5年平均水平增加1%。

3）北美洲主产区

2015年该主产区暖湿的气象条件整体有利于作物的生长。全年农业气象条件年内变化剧烈，两极分化现象显著。美国秋粮种植区生育期内降水充沛，丰沛的降水为大豆与玉米的生长提供了充足的水分供给，耕地种植比例较近5年同期平均水平偏高1%；水稻主产区4～7月受光合有效辐射显著偏低的不利影响，削弱了降水对作物生长的促进作用，作物生长状况差于往年。加拿大因作物水分胁迫的加剧，作物长势自2015年6月中旬开始逐步恶化，一直持续至9月中旬，耕地种植比例下降，小麦产量同比下降8%。

4）南亚与东南亚主产区

2015年该区农业气象条件利于作物的生长，作物生长状况总体上与近5年平均水平持平，主产区平均复种指数为168%，较近5年平均水平偏高1%。印度东北部与西北部受到严重的洪涝，尽管对作物有一定影响，但对后期作物生长提供了充足的水分；4～6月，受厄尔尼诺的影响，缅甸的中南部、泰国的北部、印度西部和南部部分地区气温与降水偏低，导致作物生长状况较差。

5）欧洲西部主产区

2015年该区农业气象条件整体不利于作物生长，全年降水量较多年平均降水量偏低20%，夏收和秋收期间受到降水严重短缺的影响，作物长势总体较差，且受播种期水分胁迫的影响，耕地种植比例总体低于近5年平均水平。主产区平均复种指数为125%，较近5年平均水平偏低2%，其中法国的西部与东部、德国西北部，以及东南部部分地区主要为一年两熟制，其余地区多为一年一熟制。

6）欧洲中部与俄罗斯西部主产区

2015年该区干热少雨的农业气象条件整体上对作物生长不利。受降水不足的影响，1～4月耕地利用强度显著低于近5年平均水平，冬小麦种植面积缩减。7～10月受长期干旱条件影响，俄罗斯西部和罗马尼亚东部土壤墒情较差，对处于生长阶段的农作物生长不利，且对冬季作物的播种也会产生一定影响。主产区基本采用单季种植的模式，平均复种指数为103%，与近5年平均水平持平。

7）澳大利亚南部主产区

澳大利亚南部2015年农业气象条件整体低于近5年平均水平，耕地种植比例在1～4月明显偏低，全年降水明显偏少，尤其是维多利亚州北部和西部、西澳大利亚南部西南部、南澳大利亚南部等地区，需要密切关注，很可能是由强厄尔尼诺现象所致。该主产区作物长势在生长初期良好，在8～9月作物生长关键时期维持在平均水平，然而在10月成熟前作物长势低于平均水平。

四、中国大宗粮油作物主产区农情遥感监测

　　针对中国粮食主产区，综合利用农业气象条件指标和农情指标（最佳植被状况指数、耕地种植比例和复种指数）分析作物种植强度与胁迫因子在作物生育期内的变化特点，阐述与其相关的影响因素。

　　中国大宗粮油作物主产区的确定参考了孙颔主编的《中国农业区划方案》，以及国家测绘局编制的《中华人民共和国地图（农业区划版）》，选用其中覆盖中国主要粮油作物产区的七个农业分区作为分析单元（图4-1），包括东北区、内蒙古及长城沿线区、黄淮海区、黄土高原区、长江中下游区、西南区和华南区，上述区域大宗粮油作物产量占全国同类作物产量的80%以上。

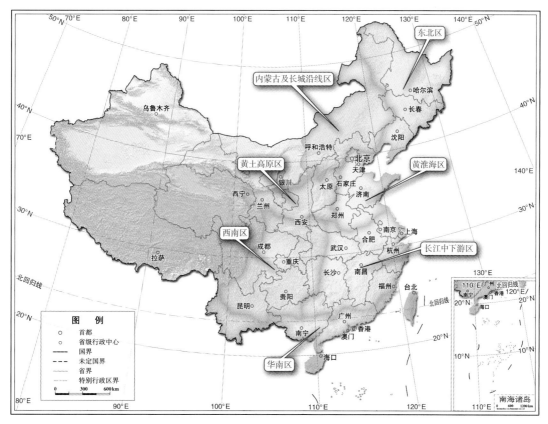

图4-1　中国大宗粮油作物主产区监测范围

本章主要针对作物长势开展详细分析，通过使用归一化植被指数距平聚类图、作物生长过程线、最佳植被状况指数、耕地种植比例和潜在生物量距平等指标图对中国大宗粮油作物主产区的作物长势进行逐一分析。

4.1 中国作物长势

4.1.1 中国夏粮作物长势

2015年越冬期内，适宜的农气条件使得夏粮作物顺利越冬。越冬期后，湖北省由于遭受持续阴雨天气，作物成熟和产量的形成受到影响，长势不及2014年和近5年平均水平。江苏北部和安徽北部，降水之后的大风天气导致部分小麦倒伏，长势偏差。其余夏粮主产区作物长势总体处于或好于平均水平。至2015年5月上旬，大部分冬小麦处于抽穗至灌浆的关键期，农业气象条件总体良好，2015年夏粮作物长势好于2014年。

农业旱情遥感监测结果（图4-2）显示，安徽南部、湖南东北部和陕西中部受轻度水分胁迫的影响，其余地区水分条件良好，总体有利于作物播种和生长，山东西部和河南大部分地区作物健康状况明显好于其他区域。

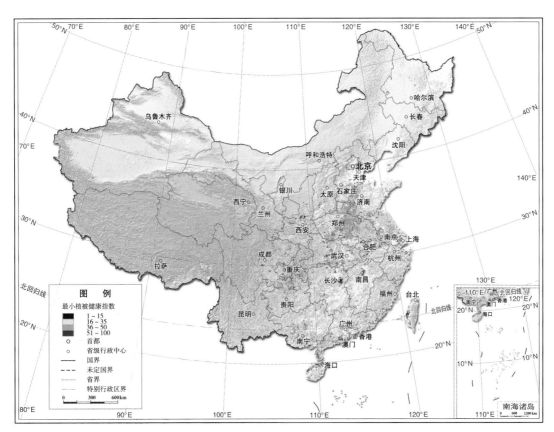

图4-2 2015年夏粮生育期内植被健康指数最小值

4.1.2 中国秋粮作物长势

1. 病虫害发生状况（2015年8～9月）

通常一年中，8月是大部分秋粮作物处于生长高峰期，9月晚稻处于生长高峰期，开展这两个时段的病虫害监测有较强的指示意义。2015年秋粮作物病虫害发生情况较重，本报告重点对2015年8月和9月水稻病虫害进行了监测。

1）2015年8月

2015年8月中国水稻主产区病虫害总体呈偏重发生态势，其中，在华南、江南和长江中下游稻区，单、双季稻混栽，栽插期、生育期参差不齐，有利于稻飞虱的繁殖和传播，稻飞虱在该区呈重发态势；在西南东部、江南和长江流域稻区，7～8月降水偏多，温度适宜，为稻飞虱的发生繁衍及纹枯病等流行病害的扩散蔓延提供了有利的环境条件。

图4-3（a）和表4-1展示了2015年8月中国水稻主产区稻飞虱的空间发生情况及面积。分析可知，稻飞虱在全国累计发生面积约3.0亿亩（1亩≈666.7m²），其中，华南北部和长江中下游稻区严重发生，西南东部、华南南部和江淮稻区偏重发生。在四川东部、贵州大部、湖北中部、湖南大部、江苏南部、安徽中部以及广东北部等地，稻飞虱呈严重发生态势，累计受虫害面积达1.5亿亩。

表4—1　2015年8月中国水稻主产区稻飞虱发生情况统计表

	面积/万亩					虫害面积比例/%
	不发生	轻度	中度	重度	总种植面积	
黄淮海区	348	3	1599	475	2425	85.6
内蒙古及长城沿线区	7	4	370	55	436	98.4
黄土高原区	5	10	190	9	214	97.7
长江中下游区	1319	118	10224	2552	14213	90.7
东北区	45	2858	2165	1320	6388	99.3
华南区	1110	58	2147	68	3383	67.2
西南区	2056	1106	2635	1431	7228	71.6

图4-3（b）和表4-2展示了2015年8月中国水稻主产区纹枯病的空间发生情况及面积。分析可知，纹枯病在全国累计发生面积约2.3亿亩，其中，长江中下游稻区严重发生，华南大部、西南东部稻区偏重发生。在安徽中部、江苏南部、江西大部和四川东部等地，纹枯病呈严重发病态势，累计受病害面积达1.0亿亩。

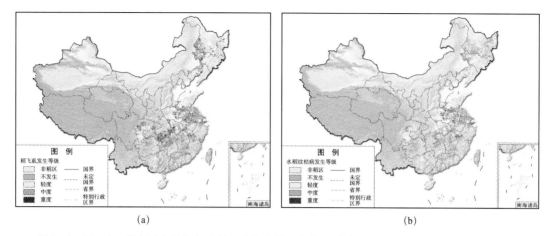

(a) (b)

图4-3 2015年8月中国水稻主产区稻飞虱发生状况分布图（a）和纹枯病发生状况分布图（b）

表4-2 2015年8月中国水稻主产区纹枯病发生情况统计表

	面积/万亩					病害面积比例/%
	不发生	轻度	中度	重度	总种植面积	
黄淮海区	356	193	1441	435	2425	85.3
内蒙古及长城沿线区	14	52	343	27	436	96.8
黄土高原区	4	14	188	8	214	98.1
长江中下游区	1682	3816	7399	1316	14213	88.2
东北区	4056	1748	531	53	6388	36.5
华南区	1245	661	1442	35	3383	63.2
西南区	3758	2246	905	319	7228	48.0

　　2015年8月中国玉米主产区病虫害总体发生态势偏轻，其中，大斑病仅在东北和西南部分地区发生；黏虫则在华北中北部及东北部分地区发生，该区适宜的温度和降水为黏虫的产生繁衍提供了环境条件。

　　图4-4（a）展示了2015年8月中国玉米主产区大斑病的空间发生情况。分析可知，大斑病仅发生在东北地区的黑龙江、吉林、辽宁部分区域及西南地区的云南、四川、贵州部分区域，其累计发病面积达847万亩，其他玉米产区则大都未发生大斑病。

　　图4-4（b）和表4-3展示了2015年8月中国玉米主产区粘虫的空间发生情况及面积。分析可知，玉米黏虫在全国累计发生面积约2200万亩，主要发生在东北、华北部分地区，其他地区零星发生。在内蒙古东部、黑龙江南部、吉林、辽宁、河北北部、北京、天津、河南及山东部分地区有连片发生，累计受虫害面积达1953万亩。

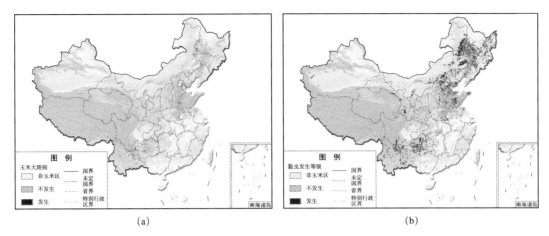

图4-4　2015年8月中国玉米主产区大斑病发生状况分布图（a）和黏虫发生状况分布图（b）

表4-3　2015年8月中国玉米主产区黏虫发生情况统计表

主产区	玉米种植面积/万亩	黏虫发生面积/万亩	虫害面积比例/%
黄淮海区	24577	463	1.9
内蒙古及长城沿线区	4024	522	13.0
黄土高原区	3724	11	0.3
长江中下游区	3433	29	0.8
东北区	15478	947	6.1
华南区	218	6	2.8
西南区	3902	188	4.8

2）2015年9月

2015年9月中国水稻主产区病虫害总体呈中等发生态势，其中在华南和长江中下游稻区，晚稻大都处于抽穗至灌浆期乳熟期，迁飞性害虫和流行性病害对后期产量形成存在较大威胁。

图4-5和表4-4展示了2015年9月中国水稻主产区稻飞虱的空间发生情况及面积。分析可知，稻飞虱在全国累计发生面积约9000万亩，其中，黄淮海、华南和长江中下游稻区大发生，在湖北中部、湖南中南部、江西中南部和河南东部等地偏重发生。

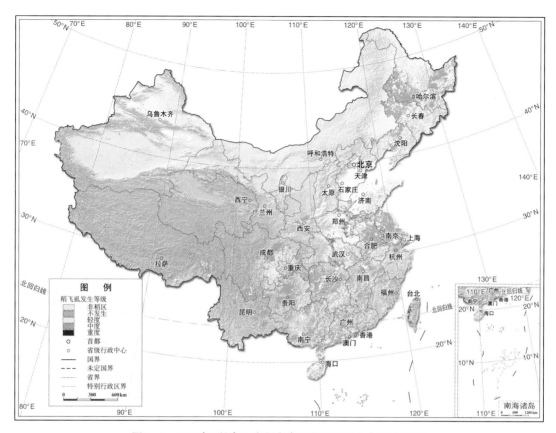

图4-5 2015年9月中国水稻主产区稻飞虱发生状况分布图

表4-4 2015年9月中国水稻主产区稻飞虱发生情况统计表

水稻主产区	面积/万亩					虫害面积比例/%
	不发生	轻度	中度	重度	总种植面积	
黄淮海区	890	1034	496	7	2427	63.3
内蒙古及长城沿线区	410	29	2	0	441	7.0
黄土高原区	197	15	3	0	215	8.4
长江中下游区	8114	5093	954	43	14204	42.9
东北区	6276	101	6	0	6383	1.7
华南区	2774	578	21	9	3382	18.0
西南区	6806	329	86	16	7237	6.0

图4-6和表4-5展示了2015年9月中国水稻主产区纹枯病的空间发生情况及面积。分析可知,纹枯病在全国累计发生面积约12900万亩,其中,黄淮海、华南和长江中下游稻区大发生,在湖北中东部、湖南中南部、江西中南部、广西中东部、广东中北部和河南东部等地偏重发生。

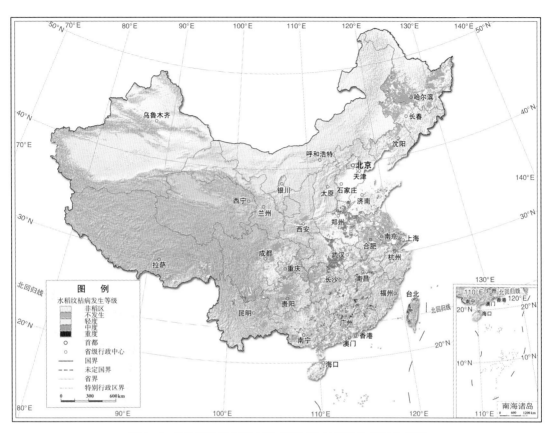

图4-6 2015年9月中国水稻主产区纹枯病发生状况分布图

表4-5 2015年9月中国水稻主产区纹枯病发生情况统计表

水稻主产区	面积/万亩					病害面积比例/%
	不发生	轻度	中度	重度	总种植面积	
黄淮海区	537	736	1100	54	2427	77.9
内蒙古及长城沿线区	358	73	10	0	441	18.8
黄土高原区	193	9	11	2	215	10.2
长江中下游区	5159	5382	3154	509	14204	63.7
东北区	6154	189	40	0	6383	3.6
华南区	2410	689	141	142	3382	28.7
西南区	6416	560	216	45	7237	11.3

  图4-7和表4-6展示了2015年9月中国水稻主产区稻纵卷叶螟的空间发生情况及面积。分析可知，稻纵卷叶螟在全国累计发生面积约7600万亩，其中，黄淮海和长江中下游稻区严重发生，在湖南中部、江西大部、广西中部等地呈严重发病态势。

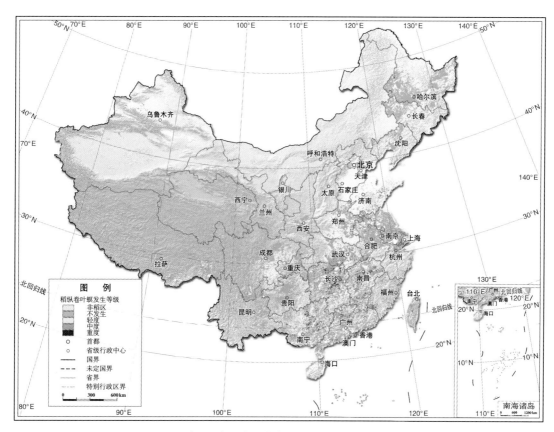

图4-7　2015年9月中国水稻主产区稻纵卷叶螟发生状况分布图

表4-6　2015年9月中国水稻主产区稻纵卷叶螟发生情况统计表

水稻主产区	面积/万亩					虫害面积比例/%
	不发生	轻度	中度	重度	总种植面积	
黄淮海区	1688	353	362	24	2427	30.4
内蒙古及长城沿线区	368	52	21	0	441	16.6
黄土高原区	206	4	3	2	215	4.2
长江中下游区	8805	2955	1460	984	14204	38.0
东北区	6194	122	67	0	6383	3.0
华南区	2691	363	147	181	3382	20.4
西南区	6676	390	134	37	7237	7.8

2. 中国秋粮作物长势

综合利用最佳植被状况指数和全国作物长势实时监测方法开展全国秋粮作物长势遥感监测。最佳植被状况指数图（图4－8）显示，中国南方和东北地区的最佳植被状况指数高于其他地区，最佳植被状况指数低值区主要分布于华中和华北地区。宁夏中部和陕西北部地区最佳植被状况指数最低，表明该地区秋粮作物长势较差。东北地区虽然农业气象指数处于平均水平，但作物长势处于平均水平之上，秋粮作物单产较2014年有所增加。

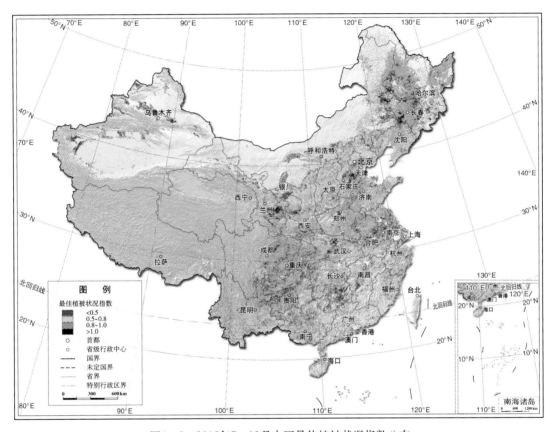

图4－8　2015年7～10月中国最佳植被状况指数分布

利用2015年9月中旬的遥感数据对全国秋粮作物长势开展监测（图4-9），监测结果显示，9月中旬，水稻主产区大部分地区作物长势与近5年平均水平持平，局部地区作物长势好于或不及平均水平。四川与重庆交界地区长势明显好于平均水平；河南南部地区、湖北西部地区及广东与广西南部地区长势低于平均水平。玉米主产区作物长势总体上与过去5年平均水平相当。局部地区玉米长势较差，辽宁西部受旱情影响，长势明显不及平均水平；陕西中部及山西南部地区长势低于平均水平。黑龙江大部及吉林西北部地区大豆长势略好于近5年平均水平；内蒙古东北部大豆长势略低于平均水平。

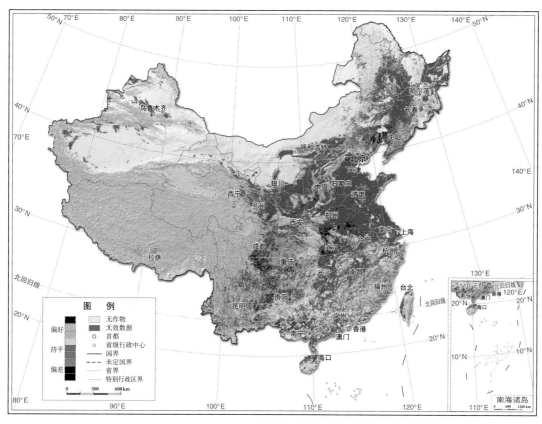

图4-9　2015年9月中旬全国作物长势

总体上，虽然2015年秋粮作物生育期内病虫害发生状况偏重，但并未对作物长势产生严重影响，2015年秋粮作物总体处于平均水平之上。

4.2 东北区

2015年全年，中国东北地区光合有效辐射、温度、耕地种植比例与过去14年平均水平持平，而作物生长季（4～10月）降水量明显偏低，导致作物生长季潜在生物量偏低（表4-7）。

表4-7 2015年东北地区农业气象指标

时段	降水距平/%	温度距平/℃	光合有效辐射距平/%	潜在生物量距平/%	耕地种植比例距平/%	最佳植被状况指数
1～4月	−2	1.6	−1	21	—	0.64
4～7月	−25	−0.1	2	−17	−1	0.91
7～10月	−24	−0.1	1	−22	−1	0.83
10～1月	59	0.8	−3	9	2	0.76

2015年4月中旬之前，东北区没有作物生长。1～4月，该区降水处于正常水平，降水量与过去14年平均水平基本持平。由于2014年10月至2015年1月的冬季降水补充，并未影响到春播作物的播种。而4～7月，该区降水量比过去14年平均水平偏低25%，7～10月降水量偏低24%，严重异常的降水导致作物生长季受严重干旱影响，潜在生物量显著低于平均水平（−25%、−24%）。该区总体作物长势在作物生长期（4～10月）略差于近5年平均水平（图4-10）。

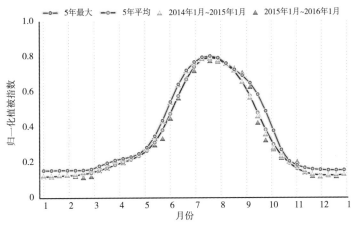

图4-10 东北区作物生长过程线

值得注意的是，受严重干旱的影响，辽宁中部和吉林西部地区（图4-11）4月之后作物长势低于近5年平均水平，NDVI明显偏低，表明该地区春播作物受旱情影响，长势较差。而8月的监测结果显示，受益于6月、7月充沛的降水，春季受旱地区作物长势恢复正常水平。NDVI空间聚类及过程线（图4-12）显示，受旱严重的地区如辽宁中部、吉林西部地区在作物生长成熟期由于降水量逐渐增加，旱情得到缓解，并且基本达到近5年平均水平。

2015年作物收割后的冬季充沛的降水，保证了土壤墒情，为2016年春播作物的生长提供良好的水分条件。

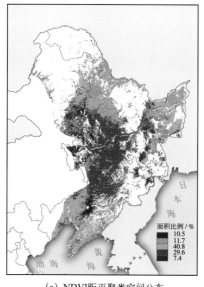
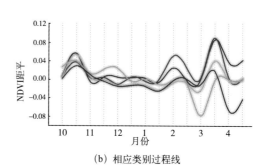

(a) NDVI距平聚类空间分布　　　　(b) 相应类别过程线

图4-11　2015年1~4月东北区NDVI距平聚类空间分布及相应的类别过程线

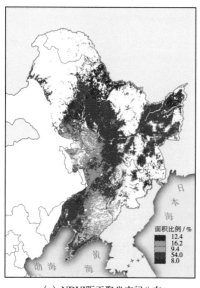
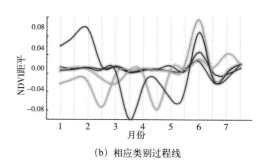

(a) NDVI距平聚类空间分布　　　　(b) 相应类别过程线

图4-12　2015年4~7月东北区NDVI距平聚类空间分布及相应的类别过程线

4.3 内蒙古及长城沿线区

2015年，内蒙古及长城沿线区农业气象条件总体较好。与过去14年平均水平相比，2015年降水量偏多32%，温度偏高0.5℃，光合有效辐射略微偏低，潜在生物量偏高16%，为农作物的生长提供了良好条件（表4–8）。但区域内的降水空间分布不均，导致辽宁西部、内蒙古中南部和东南部、河北西北部、山西、陕西和宁夏北部等地区农作物生长受到水分胁迫，发生旱情。

表4—8 2015年中国内蒙古及长城沿线区农业气象指标

时段	降水		温度		光合有效辐射		潜在生物量
	当前值/mm	距平/%	当前值/℃	距平/℃	当前值/(MJ/m²)	距平/%	距平/%
4~9月	468	20	16.3	−0.5	1825	0	8
1~12月	594	32	5.9	0.5	2809	−1	16
10~6月	302	47	1.6	0.9	1947	−1	26

1~4月，该区域处于冬季，天气寒冷，几乎没有作物生长，但充足的降水有利于随后春季作物的播种和生长。从作物长势过程线（图4–13、图4–14）可知，春季作物播种期和生长初期，作物长势较好。然而6月的干旱天气状况影响农作物生长，长势偏差，随后逐渐恢复；至7月下旬，植被指数总体处于近5年平均水平之下。由最佳植被状况指数（图4–15）可知，辽宁西部、内蒙古中南部和东南部、山西、陕西和宁夏北部作物长势较差。而作物种植区内偏低的潜在生物量也证实了该地区作物长势较差。7~10月，基于NDVI的作物生长过程线显示，该监测期内作物长势总体略低于平均水平。东部和南部地区发生了干旱，严重影响了该地区作物生长，约6%的耕地上作物长势自7月以来始终低于平均水平。由最佳植被状况指数分布图（表4–9、图4–15）显示可知，辽宁西部、河北西北部、内蒙古南部和东南部、山西、陕西和宁夏北部等区域作物长势较差，对应区域潜在生物量显著低于平均水平（图4–16）。总体来说上，7~10月该区域作物长势偏差。10月后，该区秋收作物已收割，12月以来多次降水过程为2015年春播作物提供了充足的水分条件。然而，由于大部分地区温度高于平均水平，可能会过早地消耗土壤储备的水分，从而对下一季春播作物的生长产生不利影响。结合最新的遥感数据，CropWatch模型估算结果显示，与去年相比，秋粮作物（玉米和大豆）单产在该区域不同地区均有不同程度的下降。

表4—9 2015年中国内蒙古及长城沿线区农情指标

时段	耕地种植比例距平/%	最佳植被状况指数当前值	复种指数距平/%
1～4月	—	—	
4～7月	−5	0.74	
7～10月	0	0.80	−2
10～1月	1	0.60	

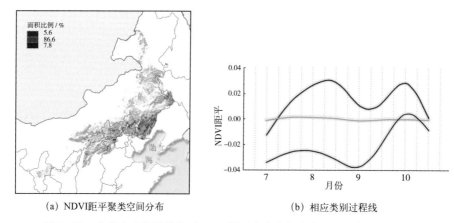

（a）NDVI距平聚类空间分布   （b）相应类别过程线

图4—13 内蒙古及长城沿线区NDVI距平聚类空间分布及相应的类别过程线

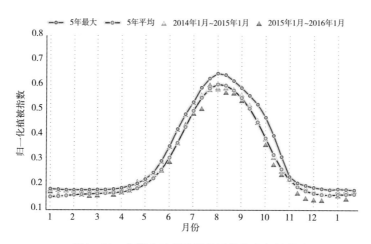

图4—14 内蒙古及长城沿线区作物生长过程线

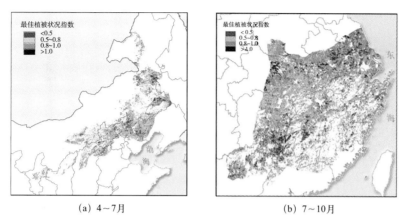

(a) 4~7月   (b) 7~10月

图4-15 内蒙古及长城沿线区最佳植被状况指数

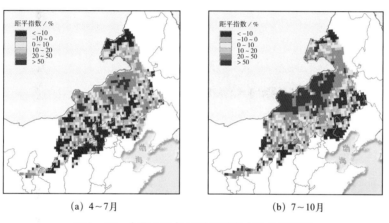

(a) 4~7月   (b) 7~10月

图4-16 内蒙古及长城沿线区潜在生物量距平

4.4 黄淮海区

2015年，黄淮海区农业气象条件总体低于平均水平，不利于作物生长和产量形成。与过去14年平均水平相比，全区2015年全年降水量偏低8%，气温与平均水平持平，光合有效辐射偏低1%（表4-10），不利的气候条件直接导致该区部分省（市）作物单产下降。其中冬小麦返青后至玉米收获期间（4~9月），降水量低于平均水平18%，气温偏低约0.5℃，导致该区作物生长受到水分胁迫。2015年冬小麦生育期内（2014年10月~2015年6月），气象条件持续良好，降水量较平均水平偏高22%，气温偏高0.5℃。其中冬小麦越冬后返青期内（2015年1~4月）降水量较平均水平偏高21%，气温偏高0.9℃。充足的降水以及温暖的气候有利于冬季及越冬期后冬小麦的生长，作物长势不断趋好并高于近5年平均水平。

表4－10　2015年黄淮海区农业气象指标

时段	降水		温度		光合有效辐射		潜在生物量
	当前值/mm	距平/%	当前值/℃	距平/℃	当前值/(MJ/m²)	距平/%	距平/%
4~9月	515	−18	22.6	−0.5	1784	1	−9
1~12月	686	−8	14.5	0	2824	−1	0
10~6月	379	22	11.2	0.5	2014	−2	24

2015年4~10月，黄淮海区降水偏少，温度偏低，不利于该区作物生长，由此导致潜在累积生物量减少，作物单产下降。其中4~7月，降水偏低36%，河北南部、山东大部分区域受旱情影响严重，潜在累积生物量显著偏低。7~10月，降水偏低30%，受旱情持续影响，该区除河北中部、河南中部及江苏北部等部分区域外，潜在累积生物量明显偏低（图4－17）。10月之后降水增加，旱情逐渐缓解，但是受前两个季度的旱情影响，作物长势持续较差。

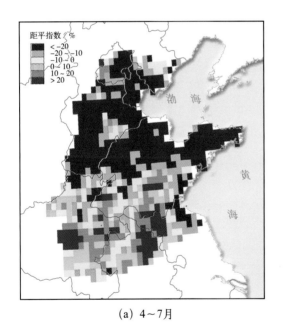
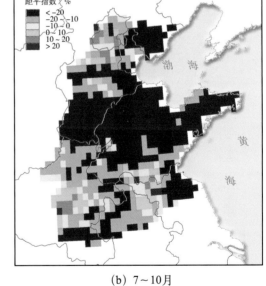

(a)　4~7月　　　　　　　　　　　(b)　7~10月

图4－17　黄淮海区潜在生物量距平

植被指数距平聚类分析结果（图4－18）显示，受旱情影响，黄淮海区作物长势总体较差。4～7月降水偏低导致夏粮作物长势较差，河北南部、山东西部及河南、江苏地区作物长势均未达到近5年平均水平。秋收作物播种后，除河北中南部和山东西部外，大部分地区作物长势正常，但10月之后，受旱情影响，作物长势明显偏差，全区大部分地区作物长势低于平均水平。全区作物生长过程线（图4－19）同样显示出作物长势偏差的态势。其中，夏收时期（5～7月）和冬季作物生长季（10～12月）作物长势明显低于平均水平，反映干旱导致冬小麦和玉米、大豆等作物单产下降的形势。

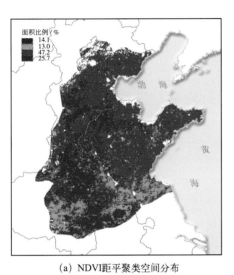
（a）NDVI距平聚类空间分布

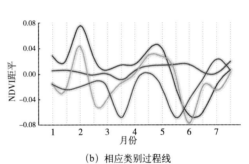
（b）相应类别过程线

图4－18　黄淮海区NDVI距平聚类空间分布及相应的类别过程线

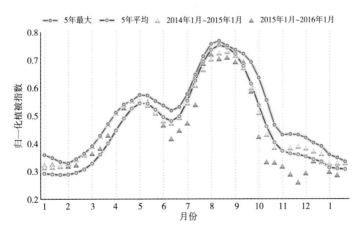

图4－19　黄淮海区作物长势过程线

黄淮海区耕地种植比例总体与近5年平均水平持平。其中，1～4月和10～1月的耕地种植比例处于近5年平均水平，4～7月和7～10月的耕地种植比例较平均水平分别偏高1%和偏低1%（表4－11）。因此，在耕地利用强度保持不变的情况下，受旱情影响，该区作物产量下降明显。从空间分布看，未种植耕地主要集中在河北中部和渤海湾地区，以及山东中东部分地区，该地区主要种植棉花、春玉米等单季作物，通常于5月初开始播种。这些区域城市发展较快，导致耕地利用率相对其他地区较低。

表4－11　2015年黄淮海区农情指标

时段	耕地种植比例距平/%	最佳植被状况指数当前值	复种指数距平/%
1～4月	0	0.89	
4～7月	1	0.89	0
7～10月	−1	0.85	
10～1月	0	0.78	

4.5　黄土高原区

黄土高原区主要包括甘肃、宁夏、陕西、山西和河南西北部，该区的主要作物包括春小麦、冬小麦、玉米、大豆和蔬菜。2015年全年区域内的降水和温度均高于过去14年平均水平（降水偏多13%，温度偏高0.2℃），导致全年潜在生物量偏高10%。2014年10月～2015年6月（冬小麦全生育期）降水偏多30%，温度偏高0.2℃；2015年4～9月（覆盖春季、秋季作物主要生育期）降水稍低于平均水平，温度偏低0.5℃。光合有效辐射与降水变化趋势相反，1～12月和10～6月偏低，4～9月偏高（表4－12）。作物主要生长季内（2014年10月～2015年10月），该区的最佳植被状况指数均大于0.80，表明作物长势总体良好。特别需要指出的是，2015年1～4月，宁夏西南部、河南西北部和陕西北部部分地区的最佳植被状况指数极高（大于1），表明该区作物长势达到近5年最佳水平。全区复种指数比近5年平均水平偏高2%，表明2015年该区农田利用率较高（表4－13）。同时，由于耕地种植比例在1～4月及7～10月相比近5年平均均有所升高（偏高2%），表明2015年黄土高原区的冬季和夏季作物种植面积增加。

表4－12　2015年中国黄土高原区农业气象指标

时段	降水		温度		光合有效辐射		潜在生物量
	当前值/mm	距平/%	当前值/℃	距平/℃	当前值/(MJ/m²)	距平/%	距平/%
4～9月	471	−1	18.2	−0.5	1820	2	29
1～12月	641	13	10.3	0.2	2894	−1	10
10～6月	315	30	7	0.2	2026	−4	−4

表4—13　2015年中国黄土高原区农情指标

时段	耕地种植比例	最佳植被状况指数	复种指数
	距平/%	当前值	距平/%
1～4月	2	0.89	
4～7月	−3	0.87	2
7～10月	2	0.80	

　　总体来说，黄土高原地区作物长势在冬季作物生长期内优于去年及近5年同期平均水平，而在夏季作物生长季内则低于去年同期水平（图4－20）。NDVI距平聚类空间分布及相应的类别过程线表明，2015年1～4月，作物长势波动剧烈（图4－21），但至4月末，全区作物长势均好于近5年平均水平，河南西北部和汾渭平原作物长势明显偏好，该区内约63%的耕地上作物长势处于平均水平（最佳植被状况指数也予以印证；图4－22）；而在1～7月，由于低温和少雨天气，导致宁夏南部、陕西北部和山西北部作物长势始终低于近5年平均水平，表明该区作物长势较差，同时耕地种植比例偏低3%（图4－23）。9月，陕西东部和山西西南部降水增多，光照条件适宜，作物长势逐渐好转并达到近5年最佳水平；相反，陕西和山西中部的旱情导致该地区作物长势明显偏差（潜在生物量同步偏低）。该区部分地区9月下旬的作物长势明显低于平均水平，可能是秋季作物收获期提前而非作物长势较差导致这种现象（图4－24）。

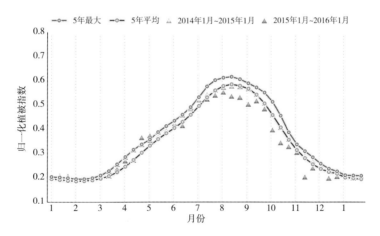

图4－20　黄土高原区作物生长过程线

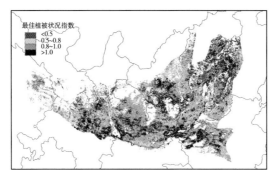

图4-21　2015年1~4月黄土高原区最佳植被状况指数

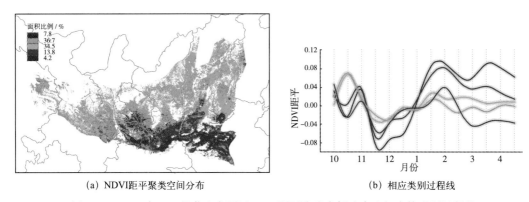

(a) NDVI距平聚类空间分布　　　　　　　(b) 相应类别过程线

图4-22　2015年1~4月黄土高原区NDVI距平聚类空间分布及相应的类别过程线

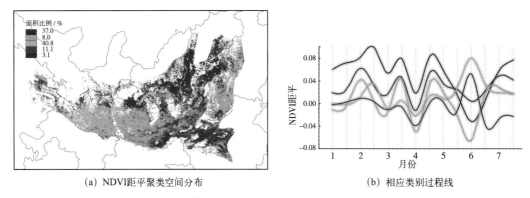

(a) NDVI距平聚类空间分布　　　　　　　(b) 相应类别过程线

图4-23　2015年1~7月黄土高原区NDVI距平聚类空间分布及相应的类别过程线

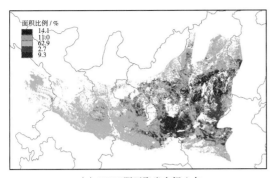
(a) NDVI距平聚类空间分布

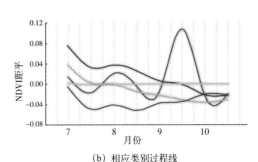
(b) 相应类别过程线

图4-24 2015年7~10月黄土高原区NDVI距平聚类空间分布及相应的类别过程线

4.6 长江中下游区

长江中下游区涉及11个省（市、区）（湖北、湖南、江西、福建、上海、浙江、江苏、安徽、河南、广东与广西）。位于该区北部的河南、安徽与江苏，其冬小麦在10月播种，5月末至6月初收获。在该区南部，早稻在3月末至4月中旬播种，7月中下旬收获；晚稻在7月中下旬种植，10月末至11月中旬收获。2015年全年（1~12月）长江中下游区的降水较过去14年平均水平偏高31%，而温度偏低0.2℃；光合有效辐射偏低10%；潜在生物量偏高12%（表4-14）。该区2015年4个时段（1~4月、4~7月、7~10月、10~1月）的最佳植被状况指数为0.84~0.9，表明该区作物长势良好；各时段的耕地种植比例均处于平均水平（表4-15）。2015年长江中下游区的复种指数较近5年平均水平偏低2%，说明该区的种植强度有所下降。

表4-14 2015年中国长江中下游区农业气象指标

时段	降水		温度		光合有效辐射		潜在生物量
	当前值/mm	距平/%	当前值/℃	距平/℃	当前值/(MJ/m²)	距平/%	距平/%
4~9月	1418	32	23.8	-0.9	1483	-7	11
1~12月	1999	31	17.7	-0.2	2417	-10	12
10~6月	1265	16	15.2	0.4	1781	-4	-2

表4—15　2015年长江中下游区的农情指标

时段	耕地种植比例	最佳植被状况指数	复种指数
	距平/%	当前值	距平/%
1~4月	1	0.84	
4~7月	0	0.90	−2
7~10月	0	0.89	
10~1月	0	0.87	

基于NDVI的作物生长过程线显示（图4－25），长江中下游区2015年1~4月作物总体长势不及2014年同期，但好于近5年同期平均水平；5~7月长势低于近5年平均水平（值得一提的是，在5~6月作物生长旺季，该区大部分地区受过量降水导致的严重洪灾影响，作物总体长势由前一时段的好于平均水平下降为低于平均水平，但到7月中旬后有所恢复）；8~10月长势略低于平均水平；11月至2016年1月长势处于平均水平。

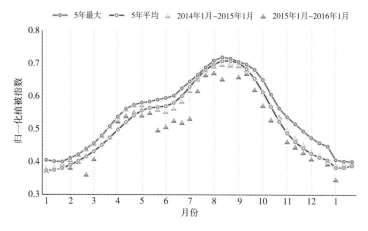

图4－25　长江中下游区作物生长过程线

NDVI 距平空间聚类及过程线显示（图4－26），在2015年7~10月，该区大约63%的作物长势始终处于平均水平，集中分布于西北部与中部，表明该区大部分地区的作物长势良好。2015年7~10月与2015年10月~2016年1月两个时段的最佳植被指数状况图（图4－27）显示，长江中下游区大部分地区的最佳植被状况指数值为0.8~1，同样反映出该区良好的作物长势。基于以上分析，CropWatch估计2015年长江中下游区的粮食产量处于近5年平均水平。

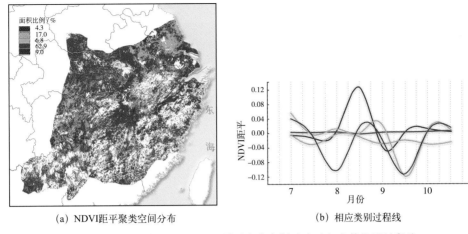

(a) NDVI距平聚类空间分布   (b) 相应类别过程线

图4－26　长江中下游区NDVI距平聚类空间分布及相应的类别过程线

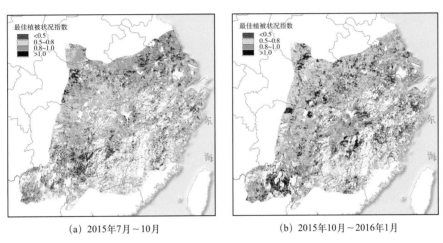

(a) 2015年7月～10月   (b) 2015年10月～2016年1月

图4－27　长江中下游区最佳植被状况指数

4.7　西南区

西南区主要种植玉米、一季稻、冬小麦、油菜，以及薯类作物。其中玉米在全区均有种植，通常2～6月种植，7～9月收获；一季稻主要种植在四川东部、云南中部和西北部，以及贵州中部，通常4～5月种植，8～9月收获；冬小麦和油菜主要种植在四川东部、陕西南部，通常9～10月种植，次年5～6月收获。

与过去14年平均水平相比，2015年全年西南区降水偏高27%，温度偏高0.3℃，光合有效辐射偏低6%。与近5年平均水平相比，潜在生物量偏高16%。2014年10月～2015年6月，降水偏高37%，潜在生物量偏高26%，2015年4～9月潜在生物量偏高5%（表4－16）。

表4—16　2015年中国西南区的农业气象指标

时段	降水		温度		光合有效辐射		潜在生物量
	当前值/mm	距平/%	当前值/℃	距平/℃	当前值/(MJ/m²)	距平/%	距平/%
4~9月	980	12	20.8	−0.3	1433	−5	5
1~12月	1362	27	15.5	0.3	2346	−6	16
10~6月	825	37	13.3	0.6	1687	−4	26

　　2015年1~4月，中国西南地区的作物生长条件总体略高于平均水平。作物长势从1~3月处于平均水平，3月之后好于平均水平。农业气象条件显示，与平均水平相比，降水偏多59%，气温偏高1.3℃，光合有效辐射偏少5%。与近5年平均水平相比，潜在累积生物量偏高63%。整个地区降水空间差异显著，四川东部、重庆、贵州大部、广西西北部局部等地区在3月下旬低于平均水平。

　　2015年4~7月，中国西南部作物长势总体正常。与平均水平相比，降水偏多9%，气温偏高0.1℃，光合有效辐射偏少2%，导致潜在累积生物量整体稳定。耕地几乎全部种植了作物，耕地种植比例与平均水平相比仅偏低2%，最佳植被状况指数高达0.93。NDVI长势过程线（图4-28）显示，西南部作物长势4月达到5年最佳水平，5月为平均水平。在6月和7月，重庆南部、湖南西南部、广西中部和北部、四川东南部和贵州西部作物长势低于平均水平，这些区域约占种植耕地的22.8%。

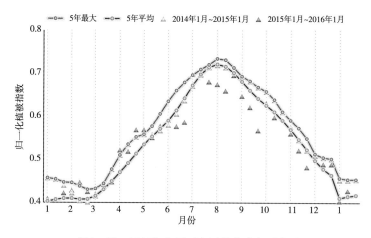

图4-28　2015年中国西南区作物生长过程线

中国西南区2015年7~10月的作物长势总体略低于近5年平均水平，10月恰逢该地区玉米和一季稻丰收，以及冬小麦的种植季节。NDVI过程线在7月低于平均水平，8月初期作物长势逐渐恢复，之后受降水偏少影响，9月作物长势再次下降到平均水平以下；10月秋粮作物接近成熟收获期，作物长势恢复至近5年平均水平。湖北西南部、湖南西北部和重庆东南部地区的潜在生物量显著偏低。

2015年10月~2016年1月，中国西南区作物长势与近5年平均水平相比，整体处于正常水平。CropWatch农气因子监测结果显示，该区降水偏少13%，同时伴随着气温偏高1.2℃。NDVI在10月总体上处于平均水平，11月降低到平均水平以下，之后气象条件好转，作物长势恢复到平均水平之上（图4-29）。四川东部地区11月作物长势低于平均水平，主要原因是该地区降水偏少。该区域潜在生物量偏低同样证实了该区域较差的农气状况（图4-30）。耕地种植比例与近5年平均水平持平（表4-17）。

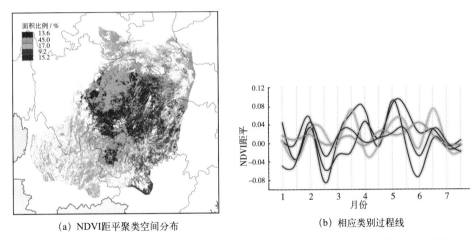

(a) NDVI距平聚类空间分布　　　　(b) 相应类别过程线

图4-29　2015年4~7月中国西南区NDVI距平聚类空间分布及相应的类别过程线

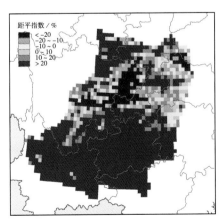

图4-30　2015年10月~2016年1月中国西南区生物量距平

表4—17　2015年中国西南区的农情指标

时段	耕地种植比例	最佳植被状况指数	复种指数
	距平/%	当前值	距平/%
1～4月	−2	0.88	
4～7月	−2	0.93	1
7～10月	0	0.9	
10～1月	0	0.91	

4.8　华南区

华南区主要作物为双季稻，主要种植在广西南部、广东南部和福建南部，通常早稻是3～4月播种，6～7月收获；晚稻是6～7月播种，10～11月收获。全年来看，华南区早稻长势低于近5年平均水平、晚稻长势趋于平均水平。与过去14年平均水平相比，该区2015年全年降水处于正常水平，温度偏高0.2℃，光合有效辐射偏低4%，其中4～9月降水偏低5%，温度偏高0.1℃。2014年10月～2015年6月，降水偏多2%，温度偏高0.5℃（表4－18）。与近5年平均水平相比，耕地种植比例没有明显变化，复种指数偏低3%（表4－19）。

表4—18　2015年华南区的农业气象指标

时段	降水		温度		光合有效辐射		潜在生物量
	当前值/mm	距平/%	当前值/℃	距平/℃	当前值/(MJ/m²)	距平/%	距平/%
4～9月	1226	−5	24.6	0.1	1500	−1	−3
1～12月	1652	7	20.5	0.2	2627	−4	7
10～6月	889	2	19	0.5	1983	0	−3

表4—19　2015年中国华南区的农情指标

时段	耕地种植比例	最佳植被状况指数	复种指数
	距平/%	当前值	距平/%
1～4月	−1	0.85	
4～7月	−1	0.89	−3
7～10月	0	0.88	
10～1月	0	0.90	

2015年1~4月，华南区作物长势总体处于平均水平（图4-31）。与近5年平均水平相比，中国华南地区88.9%的作物长势从3月中旬到4月恢复到平均水平，包括云南南部、广西南部、广东南部和福建南部，在监测期末期均处于平均水平。农业气象指标（降水偏多9%，气温偏高1℃，光合有效辐射偏多3%）达到或优于平均水平，导致潜在累积生物量与近5年平均水平相比，偏高22%。最佳植被状况指数为0.85，耕地种植比例偏低1%，基本稳定。

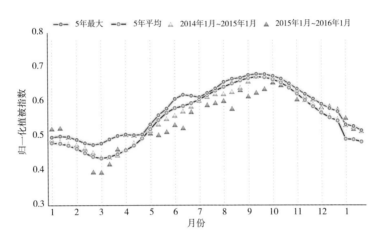

图4-31　2015年华南区作物生长过程线

2015年4~7月，华南区作物长势在一定程度上呈现低于平均水平的态势。与近5年平均水平相比，降水偏少9%，气温偏高0.4℃，光合有效辐射偏高2%，潜在累积生物量总体偏少9%。几乎所有耕地都种植了作物，作物种植比例仅偏少1%。NDVI长势过程线显示，4月该地区的作物长势达到5年最佳水平，然而，从5~6月初急剧下滑，6月以后有所好转，到6月末重回平均水平，之后又下滑到平均水平以下。NDVI空间聚类及过程线同样显示，广西南部、广东西南部5月和7月的作物长势总体低于平均水平。

2015年7~10月华南区作物长势略低于平均水平，监测时段早期（7月底至8月初）为早稻收获的结束期，10月底晚稻进入收获期。7月初，全区作物长势总体处于平均水平，之后受多轮强降水影响，7~9月初，作物长势总体低于平均水平，直到10月才逐渐恢复至平均水平。NDVI距平聚类及过程线显示，福建东南部、广西西南部、广东南部和云南南部等地区，NDVI始终处于近5年平均水平，表明上述地区作物单产有望保持在平均水平。该区耕地种植比例保持稳定，复种指数小幅下降3%，反映出该区域早晚稻双季种植模式向一季稻的缓慢转变。9月初，广东中南部的双季晚稻地区NDVI低于平均水平，但9月下旬开始，作物进入灌浆成熟期，长势恢复到平均水平（图4-32）。

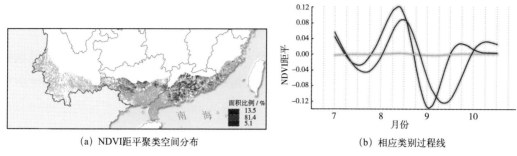

(a) NDVI距平聚类空间分布   (b) 相应类别过程线

图4-32 华南区NDVI距平聚类空间分布及相应的类别过程线

    2015年10月～2016年1月，华南区作物长势整体处于近5年平均水平。全区NDVI在10月处于平均水平，至11月初略低于平均水平，之后逐渐恢复并达到近5年最佳水平。华南区平均降水量总体偏少24%（但仍高达725mm），全区最佳植被状况指数平均值达到0.9（图4-33），耕地种植比例与近5年平均水平持平。NDVI距平聚类分析结果显示，广东中部的作物长势在整个监测期内均低于平均水平，需要密切关注；究其原因，很可能是由于广东降水严重偏多（偏多155%），伴随着光合有效辐射严重不足（偏低19%）所致。

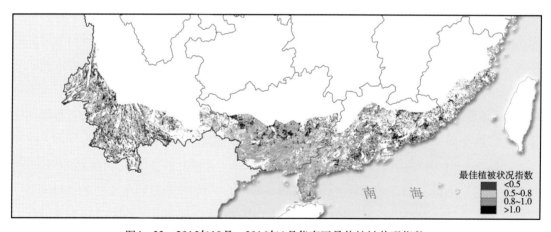

图4-33 2015年10月～2016年1月华南区最佳植被状况指数

4.9 小结

与过去14年相比，2015年冬小麦生育期内的农业气象条件总体正常，部分地区降水量虽偏少，但作物关键需水期并未出现旱情，为夏粮单产增加奠定了基础。受冬季温度偏高影响，冬小麦越冬存活率高于往年，耕地种植比例有所提高，夏粮增产。

受到夏粮种植面积和单产下降的双重影响，安徽和湖北两省的夏粮减产较大，而甘肃省由于种植面积下降导致夏粮小幅减产，其余各夏粮主产省夏粮均实现增产。安徽和江苏省的水稻产量由于洪灾和强风出现下降，其余省份的水稻产量均有所上升。其中，广东由于强降水，山西、陕西和宁夏受干旱影响，秋粮降幅均超过2%。受适宜的光温水条件影响，河北、江苏、山东、河南、广西、重庆和甘肃七省的秋粮产量较2014年均有所增加，其余省份秋粮产量小幅增加，全国秋粮总体增产。

2015年，全国复种指数与近5年平均水平持平。西南区和黄土高原区受适宜的气象条件影响，复种指数高于近5年平均水平（分别偏高1%和2%）。受强降水和其他异常气候影响，中国华南区复种指数下降约3%，内蒙古及长城沿线区和长江中下游区复种指数均下降约2%。全国耕地种植比例总体持平，其中黄土高原区和长江中下游区在夏粮生长季内耕地种植比例小幅上升，而内蒙古及长城沿线区、长江中下游区和华南区秋粮生长季耕地种植比例小幅下降。

五、全球大宗粮油作物产量
与供应形势分析

5.1 全球和中国大宗粮油作物产量

　　全球和中国大宗粮油作物产量预测结果已在2015年四期《全球农情遥感速报》季报中公开发布，发布时间分别为2015年2月、5月、8月和11月。本年度报告以全球和中国大宗粮油作物产量预测结果为基础，结合最新的遥感数据和地面观测数据，对31个大宗粮油作物主产国，以及部分国家的省州尺度的2015年农业气象条件、作物胁迫状况、耕地利用强度等进行综合分析与汇总，并利用模型对31个大宗粮油作物主产国，以及部分国家的省州尺度的产量预测结果进行复核，形成了2015年全球和中国大宗粮油作物产量的估算结果。

5.1.1 全球大宗粮油作物产量

　　尽管受到强厄尔尼诺导致的全球范围内气象要素（降水、温度）状况异常的影响，2015年全球大宗粮油作物总产量仍达到历史最高水平，玉米、水稻、小麦和大豆四种大宗粮油作物产量累积达到27.65亿t，与2014年产量（27.64亿t）基本持平。其中，全球小麦与大豆总产分别为72432万t与30879万t，同比分别增加0.3%与1.0%；玉米总产与2014年持平；水稻总产为74200万t，同比减少0.1%。2015年，CropWatch监测的31个粮油作物主产国的玉米与水稻产量同比均减少0.3%，而小麦与大豆产量同比分别增加0.1%与0.5%。全球及各粮油作物主产国的产量详情见表5-1。

表5-1　2015年全球玉米、水稻、小麦和大豆产量

国家	玉米		水稻		小麦		大豆	
	产量/万t	变幅/%	产量/万t	变幅/%	产量/万t	变幅/%	产量/万t	变幅/%
亚洲								
中国	19373	0.9	20233	0.6	12161	1.6	1301	-0.5
印度	1888	-6.4	15480	-1.4	9140	-4.5	1215	4.5
巴基斯坦	487	3.4	946	-0.3	2477	1.5	0	
泰国	505	-0.6	3935	0.5	0		19	-5.8
越南	518	1.8	4507	2.4	0		0	
缅甸	172	0.0	2763	-2.9	19	0.7	18	-6.6
孟加拉国	225	1.4	5070	-0.3	132	1.8	6	0.8
柬埔寨	93	-9.8	953	0.6	0		10	-5.8
菲律宾	756	0.7	1952	0.8	0		0	

国家	玉米		水稻		小麦		大豆	
	产量/万t	变幅/%	产量/万t	变幅/%	产量/万t	变幅/%	产量/万t	变幅/%
亚洲								
印度尼西亚	1800	−2.0	6759	−2.4	0		69	−10.9
伊朗	248	−1.0	253	−0.5	1393	4.4	0	
土耳其	592	1.1	99	6.0	2280	9.9	23	15.7
哈萨克斯坦	60	4.4	37	1.6	1599	15.5	25	12.4
乌兹别克斯坦	42	9.3	40	11.5	674	7.4	0	
欧洲								
英国	0		0		1476	1.0	0	
罗马尼亚	1076	−3.5	4	−8.8	717	−3.6	16	5.3
法国	1478	−1.8	8	−6.9	3897	−2.0	11	−2.2
波兰	368	3.9	0		1040	−2.0	0	
德国	458	−1.5	0		2741	−1.0	0	4.5
俄罗斯	1196	1.7	102	4.9	5437	2.1	204	34.8
乌克兰	2815	−6.1	16	0.7	2331	0.9	371	−3.7
非洲								
埃塞俄比亚	652	−3.2	19	6.8	424	−3.3	9	20.2
埃及	594	−0.3	653	0.4	995	4.7	2	−4.9
尼日利亚	1040	−2.1	455	−2.7	10	−13.9	76	9.0
南非	1321	−11.8	0		170	−2.2	89	32.8
北美洲								
美国	36174	0.2	992	−1.7	5660	2.6	10675	−0.1
加拿大	1185	−0.5	0		3067	−7.9	541	−0.1
墨西哥	2385	−0.4	12	−33.2	363	−0.9	32	10.8
南美洲								
巴西	7966	1.3	1183	−0.1	695	3.5	9023	1.3
阿根廷	2533	1.0	169	−2.6	1163	−3.5	5179	−1.3
大洋洲								
澳大利亚	105	1.7	178	19.6	2581	0.9	9	6.4
小计	88107	−0.3	66816	−0.3	62640	0.1	28925	0.5
其他国家	10925	2.5	7384	1.5	9792	1.7	1954	7.9
全球	99032	0.0	74200	−0.1	72432	0.3	30879	1.0

注：无数据的表格表示无数据或者数据远小于0.1万t。

作为最大的玉米生产国，美国2015的玉米产量较2014年略增0.2%。得益于较多年平均水平偏高的降水与温度，乌兹别克斯坦2015年的玉米产量同比增幅高达9.3%。玉米产量增幅较大的国家还包括哈萨克斯坦（4.4%）、波兰（3.9%）与巴基斯坦（3.4%）。受降水严重亏缺的影响，南非玉米产量减幅高达11.8%。玉米减产较大的国家还包括柬埔寨、印度与乌克兰，同比减幅均在6%以上。

在水稻产量超过1000万t的国家中，中国、越南、泰国与菲律宾2015年的水稻产量较2014年有不同程度的增加，其中越南增幅较大，达2.4%。受生长季严重干旱的影响，印度尼西亚与缅甸的水稻产量同比分别减少2.4%与2.9%。此外，印度、孟加拉国与巴西的水稻产量也有不同程度的下降。

在位于亚洲的监测国中，除印度小麦产量同比减少4.5%外，其余13个监测国的小麦产量同比均增加，其中哈萨克斯坦、土耳其与乌兹别克斯坦同比增产较大，增幅均在7.0%以上；在位于欧洲的7个监测国中，英国、俄罗斯与乌克兰3个国家的小麦产量同比均有不同程度的增加，其余4个监测国的小麦产量同比均减少，其中罗马尼亚减幅较大，达3.6%；在位于非洲的4个监测国中，除埃及的小麦产量同比增加4.7%外，其余3个监测国的产量同比均减少；北美洲的美国小麦产量同比增加2.6%，而加拿大与墨西哥小麦产量同比分别减少7.9%与0.9%；南美洲的巴西小麦产量同比增加3.5%，而阿根廷同比减少3.5%；澳大利亚的小麦产量同比增加0.9%。

在3个最重要的大豆生产国中，美国2015年的大豆产量与2014年基本持平（–0.1%）；巴西大豆产量同比增加1.3%，而阿根廷同比减产1.3%。在其他大豆生产国中，有10个国家的大豆产量变幅较大，其中俄罗斯、南非、埃塞俄比亚、土耳其、哈萨克斯坦与墨西哥的产量同比增幅均在10%以上，而印度尼西亚、缅甸、泰国与柬埔寨的减产幅度均超过5%。

受到厄尔尼诺现象的影响的影响，一些国家产量显著下降，印度尼西亚水稻产量同比减产2.4%，南非玉米产量减产11.8%，埃塞俄比亚玉米、小麦产量分别减产3.2%和3.3%，尼日利亚玉米、水稻、小麦减产，其中小麦减产13.9%。

5.1.2 中国大宗粮油作物产量

2015年四种大宗粮油作物总产量为53068.6万t，较2014年大宗粮油作物总产量增加475.3万t，增幅为0.9%。其中，小麦产量为12161.3万t，同比增加1.6%；水稻产量20232.5万t，同比增加0.6%；大豆产量1301.4万t，同比减少0.5%；玉米总产量19373.4万t，同比增加0.9%（表5–2）。受小麦种植面积扩大和单产增长的双重影响，全国小麦产量同比增长。受益于2014年全国中稻产量的显著增加（与2013年相比增产1.0%），全国水稻产量同比增加。2015年秋粮生长季内，包括河南、山东、河北等省份气候适宜，玉米单产大幅提高，导致2015年全国玉米产量同比升高。由于全国大豆种植面积进一步缩减，2015年全国大豆产量继续减少。

表5-2　2015年中国各省份小麦、水稻、玉米以及大豆产量

	玉米		水稻		小麦		大豆	
	产量/万t	变幅/%	产量/万t	变幅/%	产量/万t	变幅/%	产量/万t	变幅/%
安徽	359.8	-0.9	1736.9	1.3	1124.5	-1.1	110.9	1.0
重庆	216.2	3.0	488.7	2.1	111.8	-0.1		
福建			288.1	2.5				
甘肃	481.5	4.6			263.2	-1.5		
广东			1103.7	-0.3				
广西			1126.8	2.6				
贵州	495.2	-1.0	521.9	1.4				
河北	1725.1	6.2			1073.0	1.1	18.0	4.8
黑龙江	2592.0	-1.5	2030.4	0.4	43.6	-5.0	458.1	-0.1
河南	1677.5	4.8	394.0	1.1	2599.2	0.9	77.4	5.0
湖北			1600.1	0.6	432.8	-2.7		
湖南			2535.3	-0.2				
内蒙古	1426.3	-0.7			186.2	-1.1	82.7	-1.1
江苏	224.9	1.0	1697.0	2.4	960.6	1.1	79.2	1.4
江西			1741.5	0.3				
吉林	2429.5	1.1	506.9	0.9			66.9	1.4
辽宁	1275.5	-1.0	483.1	2.6			51.6	0.9
宁夏	172.6	-4.0	54.2	-0.6	78.0	-3.3		
陕西	364.0	-5.9	105.3	1.2	399.7	1.1		
山东	1882.4	2.6			2288.1	4.5	67.7	2.7
山西	877.1	-8.6			210.9	0.7	17.3	-7.6
四川	717.8	1.1	1488.6	1.4	467.3	1.7		
新疆	663.4	3.3						
云南	581.6	3.6	531.6	-0.3				
浙江			645.5	-0.2				
小计	18162.4	0.8	19079.6	0.9	10238.9	1.2	1029.8	0.7
其他	1211.0	2.6	1152.9	-4.4	1922.4	3.4	271.6	-4.8
中国总计*	19373.4	0.9	20232.5	0.6	12161.3	1.6	1301.4	-0.5

注：*中国总产量中不包含香港、澳门和台湾的作物产量。

2015年中国单一作物分省产量占该作物全国总产比例最高的是黑龙江省的大豆，大豆产量占全国大豆总产的35%。安徽、河南、内蒙古、江苏、吉林和山东也是中国的大豆主产省，大豆产量占全国大豆总产的比例也都高于5%。黑龙江、吉林和山东三省是中国的

玉米主产区，玉米产量占全国总产的比例分别为13.4%、12.5%和9.7%。河南和山东作为全国小麦的主产区，小麦产量占全国小麦总产的比例高达21%和19%，同属于全国小麦主产省的安徽、河北和江苏，各自小麦产量占全国小麦总产的比例也都大于7%。作为中国的水稻主产省的湖南、黑龙江、安徽、江西、江苏、湖北和四川，水稻产量合计占全国水稻总产的比例高达63%。

在监测的24个省份中，辽宁和广西的水稻产量受单产大幅提升的影响，产量增幅达2.6%。山西、陕西和宁夏的玉米产量降幅最大，同比分别减少8.6%、5.9%和4.0%，这主要是由于单产和种植面积均有所下降。河北和山西省玉米小麦单产大幅增长，总产量同比增加6.2%和4.8%；山东省小麦种植面积和单产增加，导致小麦产量增加4.5%。与全国其余大豆主产省产量均呈现下降趋势不同，河北和河南大豆产量受种植面积和单产增加的影响，大豆产量分别增加4.8%和5.0%，山西受种植面积和单产降低的影响，大豆产量大幅下滑7.6%。

对于不同生长季的水稻，全国早稻产量同比下降0.7%，晚稻略增0.2%，而中稻产量较2014年增加1.0%（表5-3），主要原因是中稻、晚稻种植面积持续缩减，中稻种植面积增加。

根据CropWatch 8月、9月监测的病虫害对水稻、玉米的影响，其中，安徽、河北、黑龙江、河南、湖北、湖南、内蒙古、江西和吉林病虫害较重，但是对全省产量影响较小，全国产量未受影响。

受秋粮生育期内适宜的光温条件影响，2015年秋粮增产242万t，为40726万t；夏粮总产量为12354万t，增产约216万t；全年粮食总产量为56808万t，同比增产431万t，增幅为0.8%。

表5-3　2014年中国各省份早、中、晚稻产量

	早稻		中稻		晚稻	
	产量/万t	变幅/%	产量/万t	变幅/%	产量/万t	变幅/%
安徽	184.0	-3.7	1374.3	2.2	178.7	-0.3
重庆			488.7	2.1		
福建	173.3	3.2			114.8	1.4
广东	530.5	1.9			573.3	-2.3
广西	559.1	3.0			567.6	2.2
贵州			521.9	1.4		
黑龙江			2030.4	0.4		
河南			394.0	1.1		
湖北	232.0	-3.3	1088.0	1.8	280.1	-0.9

	早稻		中稻		晚稻	
	产量/万t	变幅/%	产量/万t	变幅/%	产量/万t	变幅/%
湖南	820.7	−0.9	853.2	2.3	861.4	−1.9
江苏			1697.0	2.4		
江西	736.7	1.0	287.3	−0.1	717.5	−0.2
吉林			506.9	0.9		
辽宁			483.1	2.6		
宁夏			54.2	−0.6		
陕西			105.3	1.2		
四川			1488.6	1.4		
云南			531.6	−0.3		
浙江	82.1	−3.0	474.7	1.0	88.7	−3.5
小计	3318.4	0.4	12379.2	1.5	3382.1	−0.7
其余省份	193.9	−17.1	771.5	−5.5	187.4	20.6
中国总计*	3512.3	−0.7	13150.7	1.0	3569.5	0.2

注：*中国总产量中不包含香港、澳门和台湾的作物产量。

5.1.3 2016年生产形势展望

1) 2016年中国生产形势展望

2016年夏粮面积和单产同步下降，预计夏粮总产量为12177万t，较2015年下降2.9%。其中冬小麦总产量预计为11121万t，较2015年减产2.0%，主要原因是冬小麦单产同比下降1.9%。利用最新的中国高分辨率卫星影像（GF-1）对中国11个主要冬季作物种植省份的耕地种植状况及作物种植面积进行复核，2016年中国冬小麦面积较2015年略减0.1%，夏粮总面积同比缩减1.8%，主要原因是受油菜最低收购价政策的调整，2016年中国油菜种植面积显著缩减。

2) 2016年南半球生产形势展望

本报告对南半球2015年冬小麦产量进行复核，同时对正遭受严重干旱影响的南非主要秋粮作物（玉米）的产量进行定量预测。南非及其周边区域出现的重度干旱已经严重威胁该地区若干国家的粮食安全。

阿根廷小麦产量复核结果显示，2015～2016年冬小麦产量为1067.5万t，较2014～2015年减产11%，减产的主要原因是冬小麦收获面积和单产均有所下降。其中布宜诺斯艾利斯省和恩特雷里奥斯省小麦增产（分别增加11%和24%），而圣大非省和科尔多瓦省小麦产量分别下降14%和34%，其余各省小麦产量也大幅下降。与阿根廷邻近的巴西小麦产量同比增加4.5%，为701.3万t，但巴西各州小麦产量增减不一。其中，圣卡塔琳娜州小麦产量增幅最大，增产约20%，南里奥格兰德州小麦同比增加13%，而巴拉那州的小麦同比减产12%。

CropWatch 利用覆盖小麦完整生育期的遥感数据，复核澳大利亚小麦产量为2527.8万t，同比减产1%。细分到各小麦主产州而言，南威尔士州和维多利亚州小麦分别增产5%和7%，而南澳大利亚州和西澳大利亚州则分别减产7%和3%。

图5-1（a）是南非玉米种植面积与生长过程曲线的详细状况。2015年与去年同期玉米种植区NDVI过程线显示，2015年NDVI绝对值较去年同期偏低0.1以上。图5-1（b）显示，南非的自由邦省、西北省和林波波省等三个主要玉米生产省份2016年1月存活的玉米种植范围较2015年1月大幅缩减。定量监测结果显示，南非玉米平均单产同比下降16%，玉米种植面积同比下降34%，全国玉米总产量预计将从2015年的1320.7万t大幅下降到732.1万t，降幅高达45%。

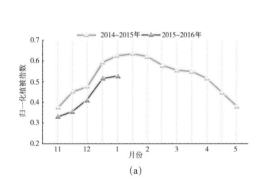
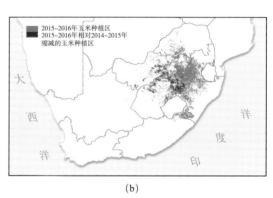

图5-1　2014~2015年与2015~2016年南非玉米种植区作物生长过程线对比与相对分布

红色和绿色区域为2015年1月南非玉米种植范围，绿色区域为2016年1月在严重干旱中存活下来的玉米种植范围

5.2　中国国内大宗粮油作物价格走势预测

粮食价格的早期预警关系国家利益，同时也关系到企业、农场、农业承包户的经济利益。我国粮食加工企业规模不断壮大，每年从国际市场进口大量粮食，本年报基于"价格螺旋"预测模型①对大宗粮油作物生产、消费的各个环节的价格进行跟踪并预测价格拐点，有助于解决"追涨杀跌"的生产和消费者行为，引导粮食贸易相关人员和企业建立符合现实规律的、稳健的生产和消费策略，效益和影响极其重大。

根据国家发改委价格信息中心提供的2004年1月~2015年12月全国粮食价格收购数据（月报），应用"全国粮食价格预测模型"进行了价格趋势预测与预警。基于国际大豆消费率（消费总量占生产总量的比例）与"价格螺旋"预测模型，确定了2004年1月~2015年12月大豆国内收购价格的变化趋势、价格上边界、价格下边界（两条红色实线）和价格通道内上边界、价格通道内下边界（两条红色虚线）。图5-2价格通道中两条虚线构成的

---

① 方景新. 2011. 价格规律的新发现——价格的螺旋变化规律. 《中国物价》, (9)：17-18.

范围为均衡区间，虚线外与价格上下边界的区间为非均衡区间，又分超景气区间和价格非景气区间，价格上升期价格趋势拐点出现在价格通道上边界附近的可能性高，而价格下降期价格趋势拐点出现在价格通道下边界附近的可能性较高，均超过80%。

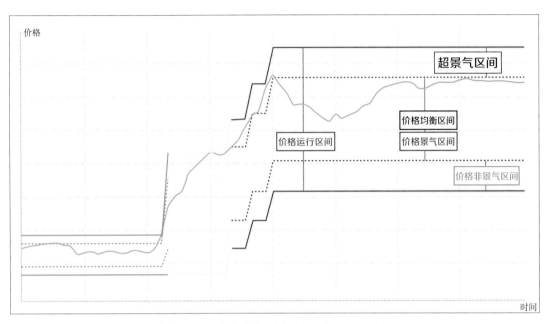

图5－2　作物价格上下边界与价格区间示意图

基于上述理论，本年报在2016年2月4日对中国的大豆、玉米、小麦和水稻价格趋势进行预测，结果显示中国大豆价格处于均衡区间，但总体处于下行趋势中，预计2016年2月之后中国大豆价格将保持在均衡区间内波动下行（图5－3）。

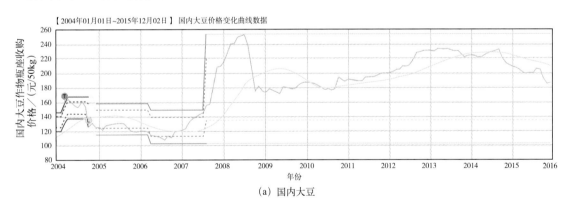

（a）国内大豆

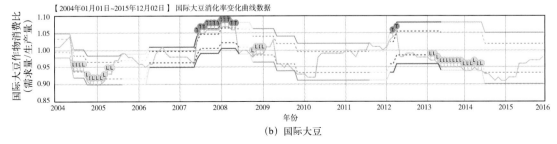

（b）国际大豆

图5－3　国内大豆价格变化曲线以及国际大豆消费率变化曲线

其中白色曲线是价格和消费率，黄色曲线是价格采集20周移动平均线；上下边界（实线和虚线）是"价格螺旋"模型数据

　　中国水稻消费率处于非均衡区间（非景气区间），价格有筑底迹象，中国水稻国内价格处于均衡区间，呈下行趋势，模型输出结果显示，2016年2月之后，中国水稻价格仍将保持在均衡区间内波动，下行趋势将减缓（图5-4）。

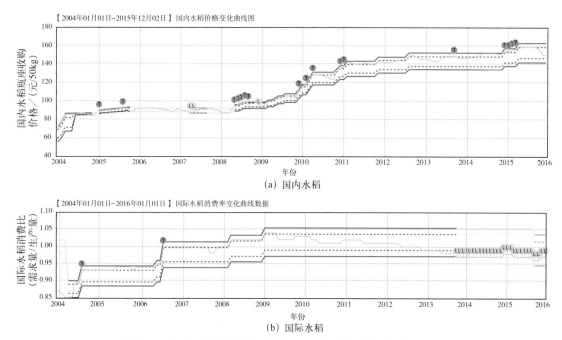

（a）国内水稻

（b）国际水稻

图5-4　国内水稻价格变化曲线以及国际水稻消费率变化曲线

　　2016年2月4日，中国玉米消费率和玉米国内价格均处于非均衡区间，接近下边界，有筑底迹象，中国玉米价格已经进入底部转折期，2016年2月之后玉米价格有望反弹（图5-5）。加之2016年农业部玉米种植面积调减，有助于增加玉米价格的反弹空间。

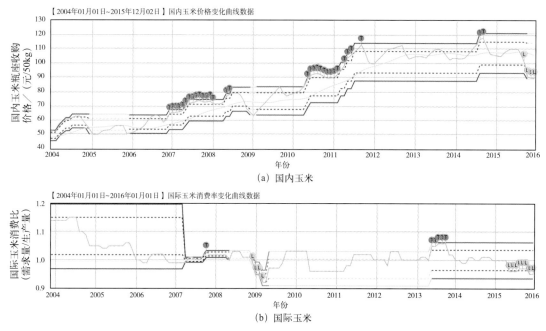

（a）国内玉米

（b）国际玉米

图5-5　国内玉米价格变化曲线以及国际玉米消费率变化曲线

2016年2月小麦消费率处于非均衡区间，而小麦国内价格处于均衡区间，趋势向下，预计2016年2月之后中国小麦价格的下降趋势将逐渐趋缓（图5-6）。

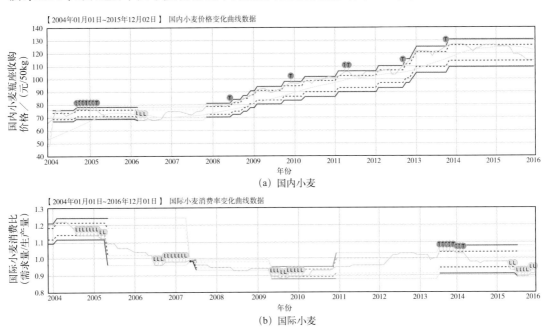

（a）国内小麦

（b）国际小麦

图5-6 国内小麦价格变化曲线以及国际小麦消费率变化曲线

将模型预测的价格趋势与国内大连和郑州期货市场的现货月结算价格变动情况进行跟踪对照，本年报中预测预警的价格趋势与价格实际走势相吻合。其中，2月预测了中国玉米价格处于底部转折期，大连商品交易所玉米现货月结算价数据显示，玉米价格从2015年11月的1755元/t回升到了2016年3月的2000元/t左右（图5-7）。

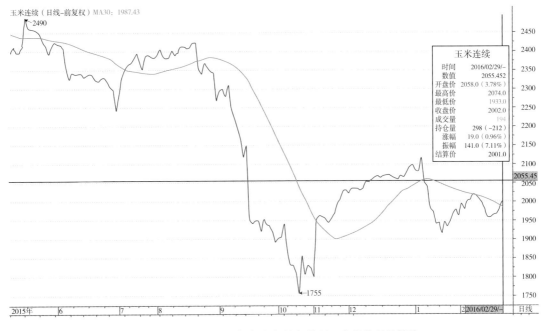

图5-7 2015~2016年大连商品交易所玉米现货月结算价

5.3 全球大宗粮油作物供应形势

5.3.1 玉米

美国、阿根廷、巴西、法国、乌克兰、印度、南非和罗马尼亚等国是全球最重要的玉米出口国，这些国家的玉米生产形势直接关系到全球玉米市场的供应形势。受降水异常影响，雨养条件下玉米产量波动剧烈，导致全球玉米主要出口国玉米总产量年度波动明显，部分年份的年际供应数量变化幅度高达5%，不同年份全球玉米供应数量相差近万吨，其中，2007年玉米供应数量最低，仅为59776万t，而2015年供应数量达到历史最高，为69104万t，主要得益于近3年来全球玉米主要出口国总产量保持稳定（图5-8）。

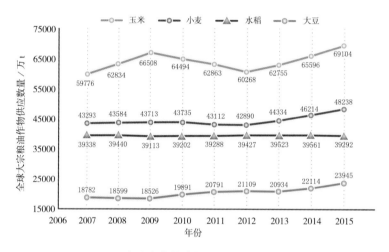

图5-8 全球大宗粮油作物供应形势变化趋势

5.3.2 水稻

水稻主要出口国多分布在亚洲，包括泰国、越南、巴基斯坦、印度、柬埔寨等国在内的东南亚诸国贡献了全球水稻出口总量的75%以上。全球水稻主要出口国水稻总产量变幅较小，年际供应数量变幅小于1%。2007年以来，全球水稻供应数量稳定在39000万～39600万t，其中2009年水稻供应数量最低，之后受粮价上涨的影响，东南亚各国加强了水稻生产的力度，全球水稻产量保持稳定，水稻供应数量稳步增加。2015年受强厄尔尼诺现象影响，南亚与东南亚水稻生产受到干旱威胁，其中印度及印度尼西亚水稻产量均减产200万t以上，导致全球水稻供应数量小幅下降。

5.3.3 小麦

美国、法国、加拿大、澳大利亚、俄罗斯、哈萨克斯坦和德国等国是全球主要的小麦出口国。2012年之前，小麦主要出口国供应数量总体稳定，年际波动较小，2007～2010年供应数量小幅增加，但2011年和2012年的供应数量逐渐减低；2013～2015年全球小麦产量连续三年保持快速增长，小麦供应数量呈线性增长趋势，年度供应数量增加约200万t，

2015年全球小麦供应数量达到48238万t，显著高于2013年以前的供应数量。

5.3.4 大豆

美国、巴西和阿根廷是全球最主要的大豆出口国，三个国家出口的大豆数量常年占全球大豆出口总量的85%以上。2009年之后全球主产国大豆供应数量逐渐增加，2010年和2015年全球大豆供应数量增加幅度较大。2011～2013年，全球大豆供应数量连续三年保持稳定。2014全球大豆出口国产量大幅增长，2015年维持在2014年的高产水平，导致2015年全球大豆供应数量显著增加，达到23945万t，为2007年以来最高水平，较2009年的最多供应数量增加近30%。近10年来，全球大豆供应数量增加趋势显著。

5.4 我国主要粮食品种进出口展望

利用2013～2015年全球主要国家大宗粮油作物产量遥感监测数据，根据农业重大冲击和政策模拟模型（基于GTAP标准模型构建），在评估2015年我国粮食进出口状况下，预计2016年大宗粮油作物品种进口有增加趋势，具体如下（图5–9）。

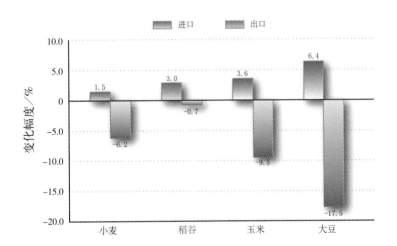

图5–9 2016年我国四大粮食作物预期进出口量变化幅度（未考虑国家政策调整）

5.4.1 水稻

2015年我国水稻进口337.7万t，主要进口来源国为越南、泰国和巴基斯坦，分别占进口总量的53.2%、28.3%和13.1%，进口额为15.0亿美元。水稻出口28.7万t，主要出口到韩国和日本，分别占出口总量的56.7%和12.7%，出口额为2.7亿美元。CropWatch监测结果显示，2015年越南水稻产量为4507万t，同比增长2%；泰国水稻产量为3935万t，同比增长1%；巴基斯坦水稻产量为946万t，与2014年基本持平。综上，2015年中国水稻主要来源国水稻产量稳中有升，有利于中国水稻进口。

根据模型预测结果，2016年水稻进口增长3.0%，出口减少0.7%。短期内受库存高企以及国内外价格差拉大的影响，预计2016年水稻进口保持略增势头，但仍保持在配额范围以内。

5.4.2 小麦

2015年我国小麦进口300.0万t，主要进口来源国为澳大利亚、加拿大和美国，分别占进口总量的41.9%、33.0%和20.0%，进口额为9.0亿美元。小麦出口12.2万t，主要出口到我国香港和朝鲜，出口量分别为9.2万t和1.4万t，分占出口总量的75.2%和11.9%，出口额为7300万美元。2015年澳大利亚小麦产量为2581万t，同比增长1%；加拿大小麦产量为3067万t，同比减少8%，减产的主要原因是加拿大小麦主产区中的艾伯塔省、马尼托巴省遭遇严重旱情；美国小麦产量为5660万t，同比增长3%，美国小麦主产州中的堪萨斯州、俄克拉何马州与得克萨斯州受益于充足的降水，小麦增产。

根据模型预测结果，2016年我国小麦进口增长1.5%，出口减少6.2%。小麦比较效益在三大谷物中一直处于最低水平，农民种植小麦的积极性不高，预计2016年小麦进口量稳中略增。

5.4.3 玉米

2015年我国进口玉米473.0万t，主要进口来源国为乌克兰和美国，分别占进口总量的81.1%和9.8%，进口额为11.1亿美元。玉米出口1.1万t，主要出口到朝鲜，占89.0%，出口额为489.9万美元。2015年乌克兰产量为2815万t，同比减产6%，但乌克兰近3年玉米产量为该国历史最高产的三年，2014～2015年玉米出口量达到创纪录的水平，预计2016年玉米出口量较2015年下降，但仍将保持在较高水平；2013～2015年，美国玉米产量同样处于历史最高水平，玉米供应数量充足。

根据模型预测结果，2016年我国玉米进口增长3.6%，出口减少9.5%。但是考虑到我国种植业结构调整，农业部预期2016年玉米种植面积预计调减2000万亩以上。综合分析，预计2016年玉米进口将较2015年显著增加，玉米替代品也将大量进口。

5.4.4 大豆

2015年我国进口大豆8169.4万t，主要进口来源国为巴西、美国和阿根廷，分别占进口总量的49.1%、34.8%和11.6%，进口额为348.3亿美元。大豆出口13.4万t，主要出口到美国、日本和韩国，分别占出口总量的31.7%、24.7%和20.3%，出口额为1.3亿美元。2015年中国大豆进口来源国（巴西、美国和阿根廷）大豆总产量为24877万t，与2014年基本持平，预计2016年大豆供应形势宽松。

根据模型预测结果，2016年我国大豆进口增长6.4%，出口减少17.5%。但是考虑到我国种植业结构调整，农业部预期2016年我国大豆种植面积调增600万亩以上。因此大豆播种面积较2015年有所增加，进口大豆增长空间收窄。预计2016年大豆进口总量仍将增长，但增幅下降。

六、主要结论

本年报主要基于多源遥感与气象数据，对2015年度全球65个农业生态区的气象条件、全球7个农业主产区及中国7个农业分区粮油作物种植与胁迫状况、全球粮食产量与供应形势进行了遥感监测和分析，并对2016年全球粮油生产形势进行了展望。本年报独立客观地反映了全球不同国家和地区的大宗粮油作物生产状况，对增强全球粮油信息透明度、保障全球粮油贸易稳定和全球粮食安全具有重要意义。

（1）2015年全球大宗粮油作物产量达27.65亿t，增产476万t，同比增长0.2%。其中，全球小麦产量为72432万t，同比增产249万t，增幅为0.3%；全球玉米总产量为99032万t，与2014年基本持平；全球水稻总产量为74200万t，较2014年减产111万t，减幅为0.1%；全球大豆产量为30879万t，同比增产296万t，增幅为1.0%。受强厄尔尼诺的影响，印度尼西亚水稻、南非玉米、埃塞俄比亚玉米和小麦产量显著下降，但全球大宗作物产量仍与2014年持平。

（2）2015年中国粮食总产量为56808万t，较2014年增产431万t，增幅为0.8%。其中，夏粮总产量为12570万t，较2014年增产216万t，增幅为1.7%；秋粮总产量为40726万t，同比增产242万t，增幅为0.6%。强厄尔尼诺以及病虫害未对中国大宗粮油作物产量造成显著影响。

（3）2016年，澳大利亚、巴西和阿根廷三个南半球小麦主产国预计小麦总产量为4296.6万t，与2015年度的4334.4万t相比，总产量减少137.8万t；受严重旱情影响，南非玉米平均单产同比下降16%，玉米种植面积同比大幅下降34%，预计2016年南非玉米总产量将从2015年的1320.7万t大幅下降到732.1万t，同比减产588.6万t，降幅高达44.6%；中国夏粮产量受单产下降和种植结构调整双重影响，预计将下降至12177万t，降幅为2.9%，其中冬小麦总产量预计为11121万t，较上一年度减产2.0%。

致　谢

　　本年报由中国科学院遥感与数字地球研究所数字农业研究室的全球农情遥感速报（CropWatch）团队撰写，其中，中国病虫害发生状况由中国科学院遥感与数字地球研究所黄文江研究员团队提供，中国大宗粮油综合价格预测由盛三界公司方景新提供，中国主要粮食进口展望由中国农业科学院聂凤英研究员团队提供。

　　年报得到了中华人民共和国科学技术部、国家粮食局，以及中国科学院的项目和经费支持，包括：国家高技术研究发展计划（863）（No.2012AA12A307）、国家国际科技合作专项项目（No.2011DFG72280）、国家粮食局公益专项（201313009-02、201413003-7）、中国科学院科技服务网络计划（KFJ-EW-STS-017）、中国科学院外国专家特聘研究员计划（2013T1Z0016）和中科院遥感与数字地球研究所"全球环境与资源空间信息系统"项目。

　　感谢中国资源卫星应用中心、国家卫星气象中心、中国气象科学数据共享服务网等对年报工作提供的支持。感谢欧盟联合研究中心粮食安全部门（FOODSEC/JRC）的François Kayitakire和Ferdinando Urbano提供的作物掩膜数据；感谢VITO公司的Herman Eerens、Dominique Haesen、Antoine Royer提供的SPIRITS 软件、SPOT-VGT遥感影像、生长季掩膜和慷慨的建议；感谢Patrizia Monteduro 和Pasquale Steduto提供的GeoNetwork产品的技术细节；感谢国际应用系统分析研究所和Steffen Fritz提供的全球土地利用地图。

附　录

1. 数据

在年报中，全球农业环境评估及环境指标计算所使用的基础数据包括全球的气温、降水、光合有效辐射（PAR）产品；全球大宗粮油作物生产形势分析所使用的基础分析数据包括潜在生物量、归一化植被指数（NDVI）和植被健康指数（VHI）等。

1）归一化植被指数

年报所用的归一化植被指数主要是美国国家航空航天局（NASA）提供的2001年1月～2016年1月的MODIS NDVI数据。利用全球耕地分布数据对NDVI数据进行掩膜处理，剔除非耕地地区，确保NDVI数据集适于粮油作物长势监测及估产等研究。此外，年报还使用了比利时法兰德斯研究院（VITO）提供的法国SPOT卫星VEGETATION传感器的长时间序列（1999～2012年）的NDVI平均数据，分辨率为0.185°。

2）气温

年报生产的气温产品为覆盖全球（0.25°×0.25°）的旬产品，产品时间范围为2001年1月～2016年1月。该产品数据源为美国国家气候中心（NCDC）生产的全球地表日数据集（GSOD），包含全球9000多个站点的气温、露点温度、海平面气压、风速、降水、雪深等观测参量。

3）光合有效辐射

光合有效辐射是影响作物生长的一个重要参数，是指波长范围在400～700nm的太阳短波辐射。年报所用的2001～2013年旬累积PAR数据来自NASA小时尺度的全球产品，统一重采样为0.25°×0.25°；2014年1月以后的PAR数据由欧盟联合研究中心（EC/JRC）提供。

4）降水

年报生产了2001年1月～2016年1月的旬降水产品，空间分辨率为0.25°×0.25°，覆盖范围为90°N～50°S的陆地。该产品有两个数据源：①第7版的热带测雨卫星（TRMM）遥感降水数据集，空间分辨率为0.25°×0.25°，覆盖范围为50°N～50°S；②气象存档与反演系统产品，空间分辨率为0.25°×0.25°，覆盖范围为50°～90°N。

5）植被健康指数

植被健康指数可以有效地指示作物生长状况。年报采用温度状态指数（TCI）和植被状况指数（VCI）加权的方法计算植被健康指数。温度状态指数和植被状况指数数据均可以通过美国国家海洋和大气管理局（NOAA）国家气候数据中心的卫星数据应用和研究数据库下载。

全球大宗粮油作物生产形势

227

6）潜在生物量

潜在生物量指一个地区可能达到的最大生物量。本年报基于Lieth"迈阿密"模型计算了净初级生产力，并以此作为潜在生物量。迈阿密模型中考虑了温度和降水两个环境要素，单位为克干物质每平方米（gDM/m²）。

2. 方法

在全球尺度上，利用三个农业环境指标（降水、PAR和气温），以及潜在生物量对全球农业环境进行评估；在七个洲际主产区的监测上，增加了植被健康指数、复种指数、最佳植被状况指数和耕地种植比例四个农情遥感指标对各洲际主产区的作物长势及农田利用强度进行分析；对全球总产80%以上的30个主产国（不含中国）进行了玉米、小麦、水稻和大豆四种大宗粮油作物的产量分析，对中国通过加入种植结构和耕地比例指标进行了省级尺度的产量分析。图1显示了年报的整体技术方法路线图。

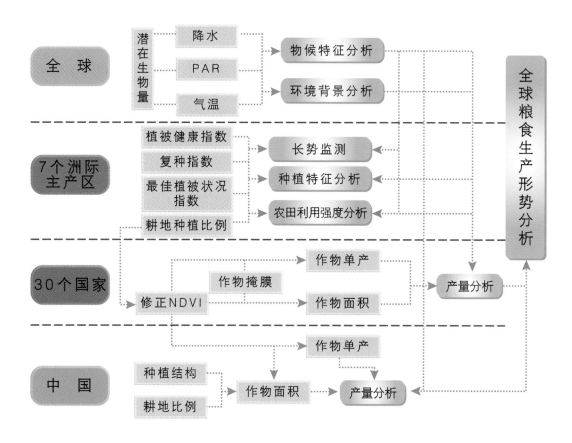

图1 全球大宗粮油作物遥感监测技术方法路线

1）农业环境指标获取

农业环境指标包括环境三要素（降水、温度、PAR）和潜在生物量，为粮油作物生产形势等农情分析提供大范围的全球环境背景信息。农业环境指标的计算基于25km空间分辨率的光、温、水数据，利用多年平均潜在生物量作为权重（像元的潜在生产力越高，权重值越大），结合耕地掩膜计算降水、气温和PAR在不同区域，以及用户定义时段内的累积值。其中，降水、气温、PAR等因子并不是实际的环境变量，而是在各个农业生态区的耕地上经农业生产潜力加权平均后的指标。例如，具有较高农业生产潜力地区的降水指标是对该区耕地面积上的平均降水赋予较高权重值，进行加权平均计算得出的一个表征指标；温度、PAR指标的计算与此类似。

2）复种指数提取

复种指数（CI）是考虑同一田地上一年内接连种植两季或两季以上作物的种植方式，描述耕地在生长季中利用程度的指标，通常以全年总收获面积与耕地面积比值计算，也可以用来描述某一区域的粮食生产能力。年报采用经过平滑后的MODIS时间序列NDVI曲线，提取曲线峰值个数、峰值宽度和峰值等指标，计算耕地复种指数。

3）耕地种植比例（CALF）计算

年报中，引入耕地种植比例是为了在用户关心时期内，特定区域内的耕地播种面积变化情况。基于像元NDVI峰值、多年NDVI峰值均值（$NDVI_m$）以及标准差（$NDVI_{std}$），利用阈值法和决策树算法区分耕种与未耕种耕地。

4）植被状况分析

年报基于Kogan提出的植被状况指数（VCI），采用最佳植被状况指数（VCIx）来描述监测期内当前最佳植被状况与历史同期的比较。最佳植被状况指数的值越高，代表研究期内作物生长状态越好，最佳植被状况指数大于1时，说明监测时段的作物长势超过历史最佳水平。因此，最佳植被状况指数更适宜描述生育期内的作物状况。

5）时间序列聚类分析

时间序列聚类方法是自动或半自动地比较各像元的时间序列曲线，把具有相似特征曲线的像元归为同一类别，最终输出不同分类结果的过程。这种方法的优势在于能够综合分析时间序列数据，捕捉其典型空间分布特征。本报告应用比利时法兰德斯研究院（VITO）为欧盟联合研究中心农业资源监测中心（JRC/MARS）开发的SPIRITS软件，对NDVI时间序列影像（当前作物生长季与近5年平均的差值），以及降水量和温度(当前作物生长季与过去14年平均的差值)进行了时序聚类分析。

6）基于NDVI的作物生长过程监测

基于NDVI数据，绘制研究区耕地面积上的平均NDVI值时间变化曲线，并与该区上一年度、近5年平均、近5年最大NDVI的过程曲线进行对比分析，以此反映研究区作物长势的动态变化情况。

7）作物种植结构采集

作物种植结构是指在某一行政单元或区域内，每种作物的播种面积占总播种面积的比例，该指标仅用于中国的作物种植面积估算。作物种植结构数据通过利用种植成数地面采样仪器(GVG)在特定区域内开展地面观测，来估算该区域各种作物的种植比例。

8）作物种植面积估算

中国、美国、加拿大、澳大利亚和埃及的作物种植面积和其他国家的作物种植面积估算方法有所不同。对于中国、美国、加拿大、澳大利亚和埃及，报告利用作物种植比例和作物种植结构对播种面积进行估算。其中，中国的耕地种植比例基于高分辨率的环境星（HJ-1 CCD）数据和高分一号（GF-1）数据通过非监督分类获取，美国和加拿大等国家的耕地种植比例基于MODIS数据估算；中国的作物种植结构通过GVG系统由田间采样获取，美国和加拿大等国家的作物种植结构由主产区线采样抽样统计获取。通过农田面积乘以作物种植比例和作物种植结构估算不同作物的播种面积。

对于其他无条件开展地面观测的主产国种植面积估算，报告引入耕地种植比例的概念进行计算，公式如下：

$$面积_i = a + b \times \mathrm{CALF}_i$$

式中，a 和 b 分别为利用2002～2013年时间序列耕地种植比例和2002～2013年FAOSTAT或各国发布的面积统计数据线性回归得到的两个系数，各个国家的耕地种植比例通过CropWatch系统计算得出。通过当年和上一年的种植面积值计算面积变幅。

9）作物总产量估算

CropWatch基于上一年度的作物产量，通过对当年作物单产和面积相比于上一年变幅的计算，估算当年的作物产量。计算公式如下：

$$总产_i = 总产_{i-1} * (1 + \Delta 单产_i) * (1 + \Delta 面积_i)$$

式中，i 为关注年份；$\Delta 单产_i$ 和 $\Delta 面积_i$ 分别为当年单产和面积相比于上一年的变化比例。

对于中国，各种作物的总产通过单产与面积的乘积进行估算，公式如下：

$$总产 = 单产 * 面积$$

对于31个粮食主产国，单产的变幅是通过建立当年的NDVI与上一年的NDVI时间序列函数关系获得。计算公式如下：

$$\Delta 单产_i = f(\mathrm{NDVI}_i, \mathrm{NDVI}_{i-1})$$

式中，NDVI_i 和 NDVI_{i-1} 为当年和上一年经过作物掩膜后的NDVI序列空间均值。综合考虑各个国家不同作物的物候，可以根据NDVI时间序列曲线的峰值或均值计算单产的变幅。

10）全球验证

以上各遥感农情指标及产量的验证是基于全球28个研究区的地面观测工作而进行的。其中国内的观测站点包括山东禹城、黑龙江红星农场、广东台山、河北衡水、浙江德清等试验站；国外观测验证区包括俄罗斯、阿根廷、美国大豆与玉米主产区等地的地面观测点。